中国科技人才状况调查报告 2019

科学技术部人才中心　著

科学技术文献出版社

SCIENTIFIC AND TECHNICAL DOCUMENTATION PRESS

·北京·

图书在版编目（CIP）数据

中国科技人才状况调查报告. 2019 / 科学技术部人才中心著. —北京：科学技术文献出版社，2020. 5

ISBN 978-7-5189-6699-8

I. ①中… II. ①科… III. ①技术人才—人才管理—调查报告—中国—2019 IV. ①G316

中国版本图书馆 CIP 数据核字（2020）第 077196 号

中国科技人才状况调查报告 2019

策划编辑：李 蕊　　责任编辑：赵 斌　　责任校对：王瑞瑞　　责任出版：张志平

出 版 者　科学技术文献出版社

地　　址　北京市复兴路15号　邮编 100038

编 务 部　(010) 58882938，58882087（传真）

发 行 部　(010) 58882868，58882870（传真）

邮 购 部　(010) 58882873

官 方 网 址　www.stdp.com.cn

发 行 者　科学技术文献出版社发行　全国各地新华书店经销

印 刷 者　北京时尚印佳彩色印刷有限公司

版　　次　2020 年 5 月第 1 版　2020 年 5 月第 1 次印刷

开　　本　889×1194　1/16

字　　数　168千

印　　张　11

书　　号　ISBN 978-7-5189-6699-8

定　　价　88.00元

《中国科技人才状况调查报告2019》
编写委员会

主　　　任：李　普　许　倞

副　主　任：程家瑜　吴　向　陈宝明

成　　　员：（按姓氏拼音排序）

　　　　　　陈志军　李　兵　林芬芬　秦浩源

　　　　　　王　莹　玄兆辉　张　洁　朱迎春

编写组

总 撰 稿 人：左晓利　郭小青

参加撰写人员：（按姓氏拼音排序）

　　　　　　陈　航　姜柏彤　王　烨　杨　锐

　　　　　　袁　铭　张晓夏　张志刚

前　言

习近平总书记指出，"发展是第一要务，人才是第一资源，创新是第一动力""创新驱动实质上是人才驱动"。科技创新本质上是人的创造性活动，高水平的科技人才队伍是一个国家科技实力和创造力的集中体现。党中央一直高度重视科技人才工作，党的十九大报告提出"培养造就一大批具有国际水平的战略科技人才、科技领军人才、青年科技人才和高水平创新团队"的重要任务。随着科教兴国、人才强国、创新驱动发展等重要战略的深入实施，我国逐步形成一支规模宏大、贡献卓著的科技人才队伍。广大科技人才大力发扬爱国奉献、坚持真理、求实创新、攻坚克难的科学精神和优秀品格，推动我国在科技论文、发明专利、成果应用等主要创新指标方面跻身世界前列，成为具有国际影响力的科技大国，科技进步贡献率稳步提升，为我国加快建设创新型国家和实现科技强国目标提供了有效支撑。

为了全面反映我国科技人才当前状况与未来态势，在科技部战略规划司的安排下，科技部人才中心首次通过3种方式同时开展了相关调查研究工作：一是科技人才宏观状况调查，基于科技、教育等方面的国际国内官方统计数据，从教育储备、研发人员、高层次科技人才和创新团队、国际化人才等方面梳理科技人才队伍建设情况；二是各类创新主体实地调研，了解科研单位科技人才培养引进、激励评价、流动服务及科技人才政策落实情况；三是科技人才直接调查，依托国家科技专家库抽取近1200名高层次科技专家进行问卷调查，了解科研人员开展科研工作的内生动力和创新诉求。

科技人才是具有一定的专业知识或专门技能，从事创造性科学技术活动，并对科学技术事业及经济社会发展做出贡献的劳动者。本次调查中，我们针对中国31个省（区、市）具有中国特色的人才战略、人才政策和人才管理状况，同时结合实地调查研究，从理、工、农、医学科学生培养储备，正在从事科技研发活动的研发人员总量、强度、结构和布局，科技人才服务经济社会发展，科技人才国际化及科技人才发展环境等方面初步建立了科技人才状况分析框架，并撰写出版《中国科技人才状况调查报告》，试图以翔实的统计数据和调查资料，反映我国科技人才队伍的整体状况。

《中国科技人才状况调查报告》作为国家创新调查制度系列报告组成部分，将从2019年起定期出版。报告内容除基于统计数据的科技人才宏观状况分析框架和内容相对稳定外，针对科技人才发展环境的实地调研和问卷调查部分将结合报告期内科技创新发展、科技体制改革和人才发展体制机制改革关键，以及科技人才关切重点选定不同的调查主题。本报告如无特殊说明，数据均不包括港澳台地区。我们衷心希望通过《中国科技人才状况调查报告》，为国家及有关部门、地方、行业、单位与组织和广大科技人才，及时把握和了解科技人才队伍状况、环境与创新诉求等提供一个展示窗口。同时，也欢迎社会各界提出宝贵意见，我们将不断调整和完善报告内容，推动科技人才在创新驱动发展和社会主义现代化建设进程中更好地发挥第一资源的支撑与引领作用。

《中国科技人才状况调查报告2019》编写委员会
2020年4月

C目录
Contents

中国科技人才状况调查报告2019

科技人才

第一章

状况概述

习近平总书记强调，"人才是创新的核心要素""人才是第一资源""人才是实现民族振兴、赢得国际竞争主动的战略资源"。人才的重要性深入人心，得到普遍认可，全社会尊重科学、尊重人才的氛围日渐浓厚。从科教兴国到人才强国，再到创新驱动发展战略，党中央始终把人才摆在优先发展的战略位置，全面聚集人才，着力夯实创新发展人才基础。各有关部门和地方高度重视科技人才工作，加大教育和科技投入，完善人才政策与创新环境，强化人才服务保障。高校、科研院所、企业等各类创新主体主动引才聚才，加大科技人才培养力度，积极为各类科技人才搭建事业发展平台。我国科技人才队伍持续发展壮大，人才队伍结构布局不断优化，人才发展环境明显改善，人才创新能力逐步提升，广大科技人才在我国深入实施创新驱动发展战略、加快创新型国家建设中发挥了重要作用。

第一节　科技人才队伍量质齐升

习近平总书记指出，"我国要在科技创新方面走在世界前列，必须在创新实践中发现人才、在创新活动中培育人才、在创新事业中凝聚人才，必须大力培养造就规模宏大、结构合理、素质优良的创新型科技人才"。近年来，我国通过增加教育和科技投入、改革教育方式、实施重大科技人才工程、推动国际科技合作与交流等多种方式不断加大科技人才培养力度。通过实施国家科技计划项目、建设国家科技创新基地、发展国家高新区等途径聚集优秀科技人才和创新团队服务国家创新驱动发展实践，推动我国科技人才队伍总量规模持续扩大、结构布局不断优化、人才储备日益雄厚、国际化步伐明显加快。

一、R&D人员总量不断扩大，投入强度持续增强

研究与试验发展（R&D）人员是正在从事科技创新与研发活动的主要群体，是科

技人才队伍的主体。2018年我国R&D人员总量为657.1万人，"十三五"以来年均增长6.2%。为了便于对各国家的科技人力投入进行比较，一般将R&D人员折算为全时当量，即全时人员数与非全时人员按工作量折算为全时人员数的总和。按全时当量统计，2017年我国R&D人员全时当量为403.4万人年，2018年增长至438.1万人年，远超世界主要国家。2017年日本R&D人员全时当量为89.1万人年，俄罗斯为77.8万人年，德国为68.6万人年。

国际上通常用万名就业人员中R&D人员数量测度一个国家R&D人员投入强度，在一定程度上也反映了一个国家劳动力的整体素质。2018年我国R&D人员投入强度为56.5人年/万人，比2010年增长了68.2%，"十三五"以来年均增长5.2%。从国际来看，英国、德国、日本、韩国等发达国家的R&D人员投入强度均在100人年/万人以上，我国R&D人员投入强度仍有进一步提升的空间。

二、R&D人员结构布局不断优化，能力素质明显提升

R&D人员受教育水平与能力素质明显提高。2018年我国R&D人员中，本科及以上学历人员数量为418.3万人，是2010年的2.3倍，所占比重从50.5%提高至63.7%；博士学历人员数量为45.2万人，是2010年的2.2倍，所占比重从5.7%提高至6.9%。在R&D人员中，具备中级以上职称或博士学历（学位）的R&D研究人员是最具创造力的人群。2017年我国R&D研究人员全时当量为174.0万人年，是俄罗斯的4.2倍，是日本的2.6倍，是德国的4.1倍，是法国的6.0倍。

基础研究和应用研究R&D人员投入快速增长。R&D活动按照性质与类型可分为基础研究、应用研究、试验发展3类。2018年我国试验发展R&D人员全时当量为353.8万人年，在全国R&D人员全时当量中的占比为80.7%；应用研究R&D人员全时当量为53.9万人年，占比为12.3%；基础研究R&D人员全时当量为30.5万人年，占比为7.0%。"十三五"以来，试验发展R&D人员全时当量年均增长4.8%，基础研究和应用研究R&D人员全时当量增长较快，年均增速分别为6.4%和7.8%，均高于同期全国R&D人员全时当量年均增速（5.2%）。

企业人才集聚效应明显，研究活动R&D人员投入仍有提升空间。R&D活动按照执行部门分，主要分布在企业、研发机构、高校三大类部门中。2018年全国R&D人员中，企业R&D人员全时当量为342.5万人年，比2010年增长了82.8%，所占比重从73.4%提高至78.2%。"十三五"以来，企业R&D人员全时当量年均增长9.1%，高于同期全国R&D人员全时当量年均增速（5.2%）。从2018年执行部门R&D人员按活动类型的分布看，企业R&D人员主要投入在试验发展活动，占比高达96.0%，基础研究和应用研究R&D人员投入占比合计不足5.0%，其中，基础研究R&D人员投入占比从2010年以来一直未超过0.3%。高校基础研究和应用研究R&D人员投入占比合计为94.5%，研发机构合计为56.3%，其中，高校和研发机构的基础研究R&D人员投入均比2010年有明显增长，占比均提高了超过5个百分点。

科技人才队伍年龄结构更趋年轻化，青年人才加快成长。2019年中国科学院新增选院士64名，平均年龄55.7岁，最小年龄42岁，最大年龄67岁，60岁（含）以下的占87.5%。2016年国家科技"三大奖"最年轻第一完成人年龄均已降至39岁以下，越来越多的青年人才在科技创新的第一线"冒尖"。国家科技计划带动青年科技人才在使用中快速成长，2018年国家自然科学基金资助青年科学基金项目17 671项、优秀青年科学基金项目400项、国家杰出青年科学基金项目199项，从各层次、各阶段支持青年科技人才发展；2017年国家重点研发计划新立项项目1310项，从新立项项目负责人的年龄分布来看，40岁以下的青年人才有136名，占比超过10.0%；40～50岁的中青年人才有433名，占比约1/3。我国博士后人员队伍迅速壮大，2019年全国进站博士后人员数量达到25 514人，有14 030名博士后人员完成研究工作顺利出站，1985年实行博士后制度以来我国已累计招收博士后人员超过20万人。

越来越多的女性投入到科技研发活动中。2018年我国女性R&D人员数量为176.0万人，比2010年增长了近1倍，在全国R&D人员总量中的占比达到26.8%。女性R&D人员增速比男性快，"十二五"期间，女性R&D人员年均增速为10.2%，同期男性R&D人员年均增速为8.7%；"十三五"以来，女性R&D人员年均增速为6.5%，同期男性R&D人员年均增速为6.1%。不同创新主体的R&D人员性别比例有明显差异，高校更受女性青睐。2010年高校R&D人员中女性占比为35.2%，近几年持续增加，至

2018年已达到43.5%，比企业女性R&D人员占比高出21.2个百分点，比研发机构女性R&D人员占比高出10.1个百分点。

科技特派员精准服务"三农"，带动乡村振兴。针对我国农村基层一线科技力量不足、科技服务缺位、农业农村发展缓慢等"三农"突出问题，始于闽北农业大市南平的科技特派员制度实施20年来，一大批科技特派员深入农业农村一线，已基本覆盖全国所有县（区、市），成为党的"三农"政策的宣传队、农业科技的传播者、科技创新创业的领头羊、乡村脱贫致富的带头人，使广大农民有了更多获得感、幸福感。

三、大规模理、工、农、医学生培养为科技人才队伍提供坚实储备

理、工、农、医学科毕业生总量占据半壁江山。2018年全国共有普通高校2663所（含独立学院265所），培养的本科和研究生毕业生人数超过了440万人，其中，理、工、农、医学科毕业生总量为221.2万人，占比约为50%。近年来，我国理、工、农、医学科毕业生数量一直保持持续增长，但增速有所下降，"十三五"以来，4类学科本科毕业生数量年均增长2.5%，研究生毕业生年均增长3.1%。

应用学科本科毕业生储备持续加强，基础学科本科毕业生明显减少。2018年理、工、农、医学科本科毕业生总量为185.5万人，其中，工学本科毕业生为126.9万人，在4类学科中居首位。除理学本科毕业生数量"十二五"以来有下降趋势外，其他3类学科本科毕业生数量均持续增长，2010年理学本科毕业生数量为26.9万人，2018年为25.6万人，减少了1.3万人。

科研机构研究生培养规模尚有进一步扩大空间。2018年全国共培养了理、工、农、医学科硕士毕业生31.0万人，其中，高校培养了30.6万人，占比达到98.8%，科研机构培养的硕士毕业生不到4000人；全国共培养了理、工、农、医学科博士毕业生47 325人，其中，高校培养了46 393万人，占比达到98.0%，科研机构培养的博士毕业生人数不到1000人。"十三五"以来，科研机构培养的硕士毕业生年均增长0.5%，博士毕业生年均增长5.3%；高校培养的硕士毕业生年均增长2.8%，博士毕业生年均增长4.9%。

四、科技人才队伍国际化步伐加快

出国留学人员加速回流。2018年我国出国留学人员数量为66.2万人，是2005年的5.6倍，"十一五"以来出国留学人员累计超过了490万人。2018年我国学成回国人员数量为51.9万人，是2005年的14.8倍，"十一五"以来学成回国人员累计超过了340万人。2005年我国学成回国人员数量与出国留学人员数量的比例为29.4%，2011年这一比例首次超过50%且近几年增幅不断加大，2018年已达到78.5%，越来越多的出国留学人员选择回国发展。

国际科技合作项目参与人数大幅增长。随着我国科技创新对外开放合作的快速发展，科技人才参与国际科技合作项目的机会和人数也明显增多。2018年我国参与出国国际科技合作项目的人数为25.0万人次，是2005年的4.6倍，"十三五"以来年均增速达到22.7%；参与来华国际科技合作项目的人数为25.8万人次，是2005年的3.6倍，"十三五"以来年均增速高达32.6%。

五、中西部地区研发人员持续增长，东北地区研发人员有所减少

东部地区R&D人员集聚，中西部地区R&D人员加快增长。2018年东部地区R&D人员全时当量为291.7万人年，在全国R&D人员全时当量中的占比约为2/3，中部、西部和东北地区R&D人员全时当量占比分别为17.0%、12.5%和3.9%。"十三五"以来，中部和西部地区R&D人员全时当量年均增速分别为5.7%和5.5%，均高于同期全国R&D人员全时当量年均增速（5.2%）。

东北地区R&D人员吸引力明显减弱。东北地区R&D人员全时当量从"十二五"末期开始出现负增长，2018年为16.9万人年，比2015年减少了2.2万人年，"十三五"以来年均减少4.1%，平均每年减少的R&D人员全时当量为0.7万人年。

东北和西部地区R&D人员结构优化。2018年东北和西部地区R&D人员中研究人员所占比重分别为59.0%和51.3%，均明显高于全国42.6%的平均水平；东北和西部

地区R&D人员中具有研究生学历的人员比重分别为37.9%和27.6%，均明显高于全国21.8%的平均水平；东北和西部地区从事基础研究的R&D人员占比分别为20.0%和11.4%，均高于全国7.0%的平均水平。

第二节　科技人才发挥重要作用

习近平总书记指出，"功以才成，业由才广。世上一切事物中人是最可宝贵的，一切创新成果都是人做出来的"。我国科技人才队伍在总量规模持续壮大和结构布局不断优化的同时，整体素质和科技创新能力也明显提升，科技论文、发明专利、成果转化等科技成就显著，在基础研究和原始创新方面取得了具有世界影响力的重大科技成果，在战略高技术领域和国民经济社会发展主要领域的科技支撑方面也做出了突出贡献，推动我国加快向创新型国家前列和世界科技强国目标靠近。

一、取得重大科技成果，做出突出贡献

近年来，我国涌现了一批潜心研究、勇攀高峰的科学家，推动我国在量子科学、铁基超导、合成生物学等基础研究领域取得重大原创性成果并步入世界领先行列，同时在脑科学、再生医学等领域加速突破。2018年我国取得重大科技成果65 720项，比2010年增长了56.1%，其中，基础理论研究成果占比为9.9%，比2010年提高了2.1个百分点。越来越多的中国科学家得到世界的认可，屠呦呦研究员获得诺贝尔生理学或医学奖，王贻芳研究员获得基础物理学突破奖，潘建伟团队的多自由度量子隐形传态研究位列2015年度国际物理学十大突破榜首，薛其坤院士被授予2020年度菲列兹·伦敦奖，成为该奖项设立60余年来首个获奖的中国科学家。

一批又一批开拓创新、攻坚克难的科技领军人才和创新团队，扎根载人航天、探月工程、北斗导航、深地探测、大飞机等战略高技术领域着力突破关键核心技术。神

舟载人飞船与天宫空间实验室实现平稳交会对接；新一代静止轨道气象卫星、合成孔径雷达卫星、北斗导航卫星等成功发射运转；蛟龙号载人潜水器、海斗号无人潜水器创造新的最大深潜纪录；自主研发超算系统"神威·太湖之光"居世界之冠。国产大飞机、高速铁路、三代核电等部分战略必争领域抢占了制高点[①]。在人工智能、新能源汽车等新兴技术和产业领域也成长了一批优秀的创业人才，培育出一些引领世界潮流的新业态新模式，形成传统产业生机焕发、新兴产业茁壮成长的良好发展态势。我国科技进步贡献率从2012年的52.2%升至2018年的58.5%，国家创新能力排名从2012年的第20位升至2018年的第17位。

二、科技论文数量大幅增长

2017年国外三大检索工具，即科学引文索引（SCI）、工程索引（EI）和科技会议录索引（CPCI）分别收录我国科技论文36.1万篇、22.8万篇和7.4万篇，数量分别位居世界第二、第二和第一。论文质量明显提升，2008—2017年，SCI收录的我国科技论文10年滚动引用次数为10.92次/篇，比2005—2014年引用次数高出3.02次/篇。根据基本科学指标数据库（ESI）论文被引用情况，2017年中国科学论文被引用次数已超过德国、英国，上升到世界第二[①]。

三、专利量质齐升

2018年我国专利申请数为432.3万件，是2010年的3.5倍，其中，发明专利申请量为154.2万件，占专利申请数比重为35.7%，比2010年提高了3.7个百分点，发明专利申请量连续8年居世界首位。PCT专利申请受理量为5.5万件。截至2018年年底，有效专利838.1万件，其中，境内有效发明专利160.2万件，每万人口发明专利拥有量11.5件。全年共签订技术合同41.2万项，技术合同成交金额17 697亿元[②]。2017年我国受

---

① 资料来源：国家统计局《科技进步日新月异 创新驱动成效突出——改革开放40年经济社会发展成就系列报告之十五》。

② 数据来源：国家统计局《中华人民共和国2018年国民经济和社会发展统计公报》。

理商标注册申请574.8万件，注册量居世界第一；著作权年登记量突破274.8万件，作品、计算机软件著作权登记量分别达到200.2万件和74.5万件[①]。

四、科技成果加快转移、转化和应用

科技人才在科技论文和专利方面的丰硕产出，也直接带动了技术交易市场的活跃。2018年我国技术市场共签订技术合同41.2万项，"十三五"以来年均增速为10.3%，成交技术合同金额达到17 697.4亿元，"十三五"以来年均增长21.6%。2018年我国有290.2万人在4849家科技企业孵化器从业，孵化器内企业总数超过26.0万家，累计毕业企业已近14.0万家；孵化企业拥有知识产权数量已达到44.1万件，"十三五"以来年均增长41.6%，其中，发明专利数量达到8.5万件，在知识产权总量中的占比近1/5；在孵企业总收入已达到8343.0亿元，"十三五"以来年均增长20.1%。2018年我国169家国家高新区从业人员数量达到2091.6万人，其中，专业技术人员占比超过1/4，科技活动人员占比超过1/5，推动高新区内各类科技企业和高技术产业蓬勃发展，2018年生产总值（GDP）加总达到11.1万亿元，同比增长10.5%，相当于全国GDP总额（90.0万亿元）的12.3%。

第三节　科技人才发展环境逐步完善

习近平总书记强调，"环境好，则人才聚、事业兴""要着力破除体制机制障碍，向用人主体放权，为人才松绑，让人才创新创造活力充分迸发，使各方面人才各得其所、尽展其长""健全符合科研规律的科技管理体制和政策体系"。在党中央的坚强领导下，我国科技人才发展体制机制改革加快推进落实，面向国际国内两种人

---

① 数据来源：国家统计局《科技进步日新月异 创新驱动成效突出——改革开放40年经济社会发展成就系列报告之十五》。

才资源、壮大队伍、激发活力、创新政策、优化环境，取得积极进展。以品德、质量、能力、业绩、贡献等为导向扭转科技评价"指挥棒"，深入推进"三评"改革，开展"四唯"清理和科技人才减负专项行动；以增加知识价值为导向完善科技人才激励机制，切实增强科技人才的满意度和获得感；深化科技领域"放管服"改革，扩大用人单位和科技领军人才"人财物"自主权，激发科技人才创新创业活力；实行更加积极、更加开放的科技人才国际化政策，扩大人才签证适用对象范围，建立人才签证与工作许可、工作居留和永久居留的有机衔接机制；推进科研诚信制度化建设，搭建"双创"大舞台，持续优化科技创新环境。本次对近1200名高层次科技专家的问卷调查显示，我国科技人才发展环境逐步完善，科技人才对进一步推进改革政策落实、优化科技管理方式及完善科研机构管理制度等方面仍有期待和诉求。

一、科研内生动力兼顾个人兴趣与事业责任和国家需要

近70%的被调查人员表示，把事业责任和专业兴趣放在重要位置，体现了其敬业爱业的科研价值取向。有超过一半的被调查人员表示，内生动力来自国家需要，体现了其科技报国的责任担当。45岁以下青年人才还比较看重自我成长和满足生活需求。

二、科技人才获得感明显增强

"松绑减负"和扩大自主权最受关注。按照被调查人员对人才分类评价、以增加知识价值为导向激励人才、促进人才合理流动、加强科研诚信监管等政策重要性的评价，选择人数较多的是深化"放管服"，扩大用人单位和领军人才"人财物"自主权，以及优化科技计划管理，为科技人才"松绑减负"，选择人数比例均超过一半。按照被调查人员对已产生明显积极效果政策的选择人数从高到低排序，排在前两位的仍是这两项政策，选择人数比例分别为41.3%和36.3%。

科技成果转化让科技人才获得实实在在的收益。超过八成的被调查人员表示，所在单位科技成果转化已有效果，其中，近40.0%的人员认为科技成果转化效果"非常好"或"好"，仅有15.4%的人员认为科技成果转化效果差。

单位科研业务发展稳中有进，为个人成长提供良好平台。超过40.0%的被调查人员认为，所在单位主要科研业务围绕领域（行业）进步不断发展；36.1%的被调查人员认为，所在单位主要科研方向围绕使命宗旨基本稳定。

三、科技人才仍有诉求和期待

在优化科技管理方面，希望强化服务和完善国家科研任务产生、组织实施方式。被调查人员认为，落实习近平总书记提出的"政府科技管理部门要抓战略、抓规划、抓政策、抓服务"要求，政府科技管理部门最应加强的是"抓服务"。在国家科研任务产生方面，近半数的被调查人员认为应由国家战略规划确定国家重大科研任务；还有部分人员希望通过"自下而上"方式由优势科研单位、转制院所和企业提出。在国家科研任务组织实施方面，超四成的被调查人员认为以项目为核心的方式更为高效。在科技计划监督评估方面，近2/3的被调查人员认为应以成果水平和作用影响为主开展科技计划评估工作；55.8%的被调查人员认为应进行重点环节监督和抽查。

在完善科研单位管理制度方面，最看重宽松自主和公平公正的科研环境。在开放式问题中被调查人员普遍反映，需要转变学术机构官僚化作风，减少科研管理和科技人才管理中的行政干预，部分科研单位人员编制、研究生招生名额及职称比例等受到严格限制，影响了科研团队建设。对于科研单位在科技成果转化中还需改进的做法，选择需要优化单位制度、放活科技人才的人数最多，占比超过四成。对于激发海外引进人才发挥更大作用的有效方式，被调查人员对公平竞争工作岗位或科研任务的认可度最高，选择人数比例超过了六成。

在营造良好创新生态促进人才成长方面，加强科研诚信建设和弘扬科学家精神是重点。近50%的被调查人员认为，当前应重点加强科研诚信建设，建立健全科技信用管理体系，43.9%的被调查人员认为，应大力弘扬科学家精神，反映了科技人才自身的科学精神、学术操守、职业道德等个人素质的重要性。

潜心科研对"增稳"和"减负"的保障需求最为强烈。在科研条件保障方面，85.4%的被调查人员认为应加大稳定的基本科研经费支持，38.3%的人员认为应提供必要的生活保障，尤其是35岁以下的年轻人需求更为强烈，这一比例达到近50%。在科研环境保障方面，60.3%的被调查人员渴望减轻一般性管理负担，57.8%的人员渴望减少监督评估和考核评价的频次与事项，41.3%的人员渴望保障充足的科研时间。

中国科技人才状况调查报告2019

科技人才

第二章

教育储备

人才培养是科技人才队伍建设的基础，大力培养科技人才已成为世界各国赢得国际竞争优势的战略选择。教育是科技人才培养的基本方式之一，高等教育阶段是创新型人才成长和科学素质形成的关键时期，特别是理、工、农、医学科学生培养直接为科技人才队伍提供了储备，是科技人才队伍供给的重要来源。近年来，我国从专业和课程设置、教育方式改革等方面不断发展和完善高等教育事业，教育经费投入快速增长，理、工、农、医等学科学生培养力度持续加大，为科技创新事业输送了一批又一批的科技人才。

第一节　理、工、农、医学科毕业生数量

我国通过"211""985""双一流"高水平大学建设工程，不断丰富和拓展高等教育学科体系，扩大各级各类学生招生规模，其中，理、工、农、医等学科的学生是未来从事科技创新活动的主力军。各国都非常重视这4类学科学生培养，以美国为代表的一些国家设置STEM（科学、技术、工程、数学）课程和学生培养体系，也是为国家科技人才队伍提供直接储备。

一、理、工、农、医学科毕业生数量占据半壁江山

《2018年全国教育事业发展统计公报》显示，2018年全国共有普通高校2663所（含独立学院265所），培养的本科和研究生毕业生人数超过了440万人，其中，理、工、农、医学科毕业生总量为221.2万人，占比约为50%，为科技人才队伍提供了强大的储备力量。

2006年以来，全国本科毕业生人数一直处于稳步增长态势，2018年达到386.8万人，其中，约有一半来自理、工、农、医学科。近十几年来，理、工、农、医学科本

科毕业生人数占比有所下降，从"十一五"期间的50.0%以上逐步下降到"十三五"以来的47.0%~48.0%，下降了约5个百分点（图2-1）。

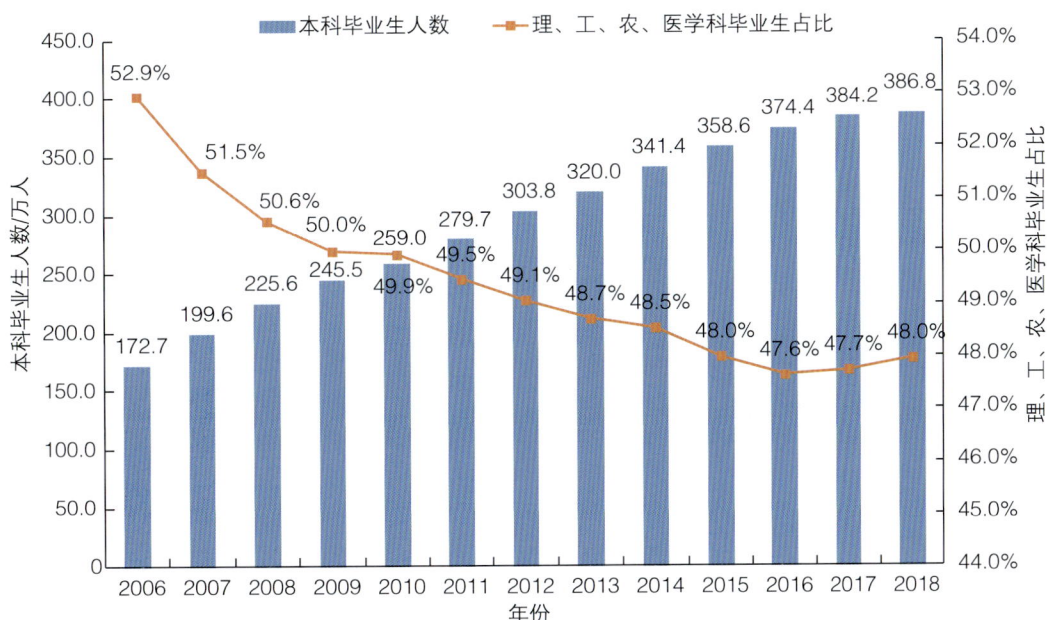

图2-1 全国本科毕业生人数与理、工、农、医学科毕业生占比

（数据来源：教育部网站，教育统计数据；《中国统计年鉴》）

2006年以来，全国研究生毕业生人数一直处于稳步增长态势，2018年达到60.4万人，其中，近六成来自理、工、农、医学科。近十几年来，理、工、农、医学科研究生毕业生人数占比波动下降，从"十一五"初期的62.1%下降到"十三五"以来的59.0%左右，下降了约3个百分点（图2-2）。

图2-2　全国研究生毕业生人数与理、工、农、医学科毕业生占比

（数据来源：教育部网站，教育统计数据；《中国统计年鉴》）

二、理、工、农、医学科毕业生数量增长趋缓

近年来，全国理、工、农、医学科本科毕业生人数一直处于稳步增长态势，2018年达到185.5万人，是2005年的2.3倍。从历年增长情况看，我国理、工、农、医学科本科毕业生人数年均增速呈现明显下降趋势，"十一五"期间，年均增速为9.8%；"十二五"期间，年均增速为5.9%，比上个五年下降了近4个百分点；"十三五"以来，增速持续下降，年均增速为2.5%（图2-3）。

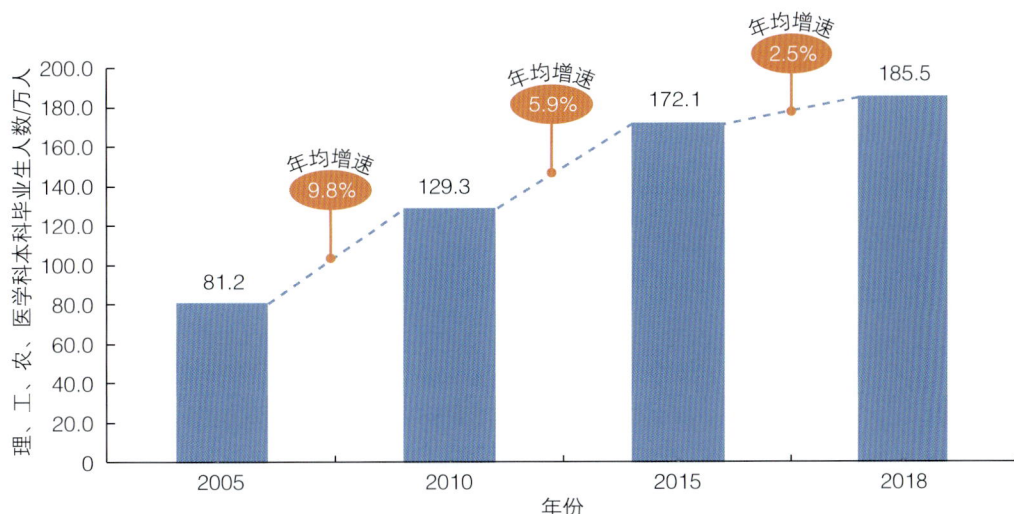

图2-3　全国理、工、农、医学科本科毕业生人数与增长情况

（数据来源：教育部网站，教育统计数据；《中国统计年鉴》）

近年来，全国理、工、农、医学科硕士毕业生人数一直处于稳步增长态势，2018年达到31.0万人，是2005年的3.1倍。从历年增长情况看，我国理、工、农、医学科硕士毕业生人数年均增速呈现明显下降趋势，"十一五"期间，年均增速为13.3%；"十二五"期间，年均增速为8.8%，比上个五年下降了4.5个百分点；"十三五"以来，增速持续下降，年均增速为2.8%（图2-4）。

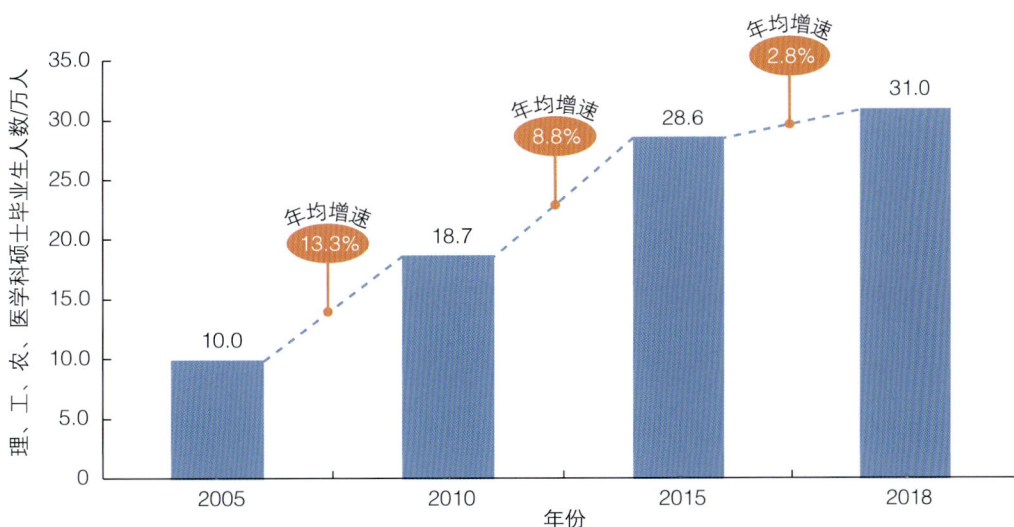

图2-4　全国理、工、农、医学科硕士毕业生人数与增长情况

（数据来源：教育部网站，教育统计数据；《中国统计年鉴》）

近年来，全国理、工、农、医学科博士毕业生人数一直处于稳步增长态势，2018年达到4.7万人，是2005年的2.4倍。从历年增长情况看，我国理、工、农、医学科博士毕业生人数年均增速先下降再回升，"十一五"期间，年均增速为11.4%；"十二五"期间，年均增速为3.3%，比上个五年下降了8.1个百分点；"十三五"以来，增速有所回升，年均增速为4.9%（图2-5）。

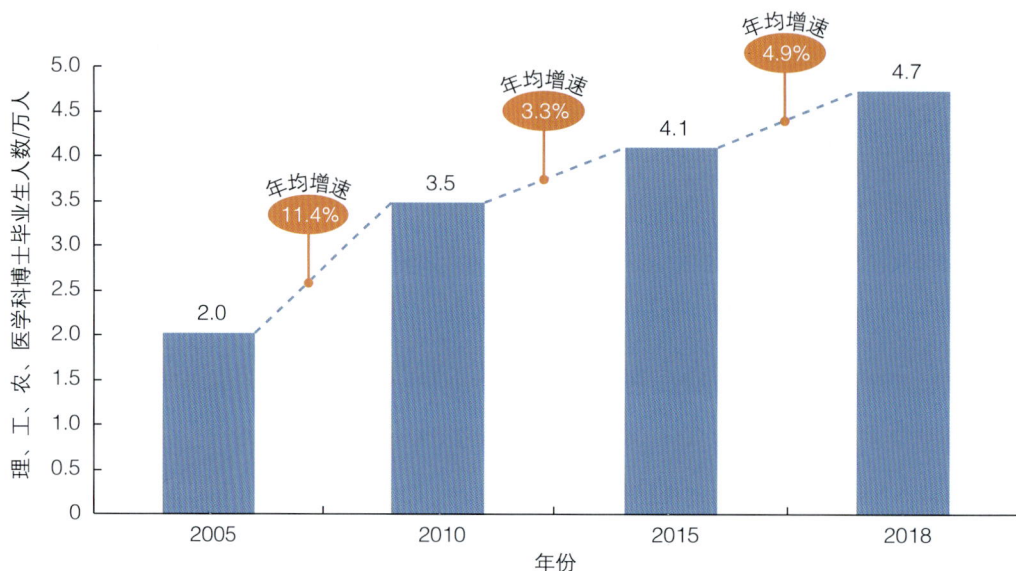

图2-5　全国理、工、农、医学科博士毕业生人数与增长情况

（数据来源：教育部网站，教育统计数据；《中国统计年鉴》）

总体来看，全国理、工、农、医学科本科及以上毕业生人数一直处于稳步增长态势，2018年达到221.2万人，是2005年的2.4倍。从历年增长情况看，我国理、工、农、医学科本科及以上毕业生人数年均增速呈明显下降趋势，"十一五"期间，年均增速为10.2%；"十二五"期间，年均增速为6.2%，比上个五年下降了4个百分点；"十三五"以来，增速持续下降，年均增速为2.6%（图2-6）。

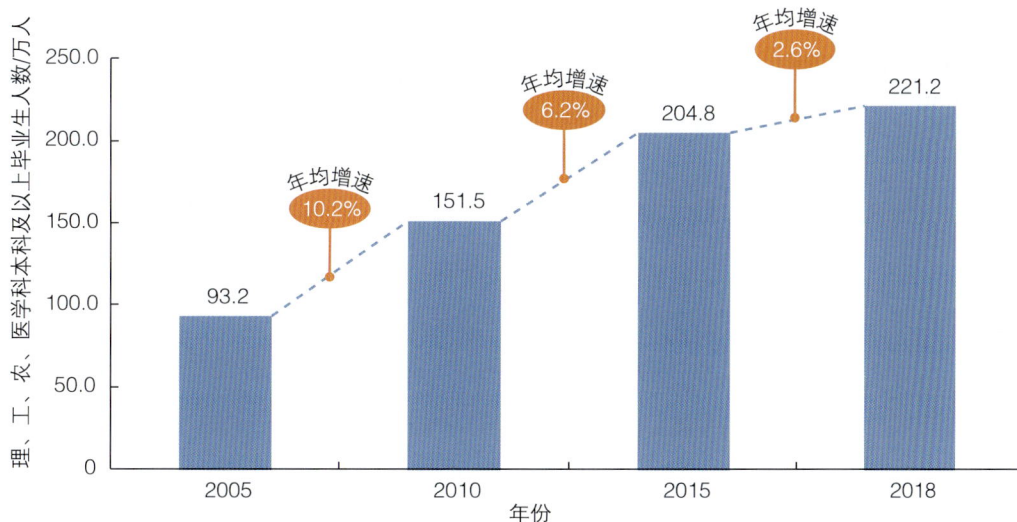

图2-6　全国理、工、农、医学科本科及以上毕业生人数与增长情况

（数据来源：教育部网站，教育统计数据；《中国统计年鉴》）

第二节　分学科各类学生教育培养状况

近年来，我国不断加大理、工、农、医学科学生教育培养力度，特别是各学科硕士和博士研究生总量快速增长，为我国科技人才队伍壮大增强了后备力量储备。

一、理、工、农、医学科本科毕业生增长趋缓

从理、工、农、医各学科本科毕业生总量来看，2018年，全国理学本科毕业生人数为25.6万人，是2005年的1.6倍；全国工学本科毕业生人数为126.9万人，是2005年的2.5倍；全国农学本科毕业生人数为6.8万人，是2005年的1.9倍；全国医学本科毕业生人数为26.3万人，是2005年的2.7倍（表2-1）。

表2-1　全国理、工、农、医各学科本科毕业生人数

学科	毕业生人数/万人				2018年是2005年的倍数/倍
	2005年	2010年	2015年	2018年	
理	16.3	26.9	25.6	25.6	1.6
工	51.7	81.3	118.1	126.9	2.5
农	3.5	4.8	6.1	6.8	1.9
医	9.6	16.2	22.4	26.3	2.7
合计	81.2	129.3	172.1	185.5	2.3

数据来源：教育部网站，教育统计数据；《中国统计年鉴》。

总体来看，工学本科毕业生总量最多，在各个时期均明显高于其他学科；农学本科毕业生总量最少，但从"十二五"以来逐步增加；理学本科毕业生总量从"十二五"以来略有下降；医学本科毕业生总量持续增加。

从近年来理、工、农、医各学科本科毕业生数量增长速度来看，4类学科本科毕业生年均增速均呈现明显的下降趋势。其中，理学本科毕业生年均增速下降最多，"十二五"期间呈现负增长态势，"十三五"期间基本处于零增长状态；医学本科毕业生年均增速相对来说较快，"十一五"时期在四类学科中增速最高，"十二五"以来虽然有所下降，但在"十三五"期间仍保持5.4%的较高增速（表2-2）。

表2-2　理、工、农、医各学科本科毕业生数量增长情况

学科	"十一五"（2006—2010年）	"十二五"（2011—2015年）	"十三五"以来（2016—2018年）
理	10.5%	-1.0%	0.0%
工	9.5%	7.7%	2.4%
农	6.5%	4.7%	3.5%
医	11.1%	6.6%	5.4%
合计	9.8%	5.9%	2.5%

数据来源：教育部网站，教育统计数据；《中国统计年鉴》。

二、工、农、医学科硕士毕业生增长趋缓，理科有回升

从理、工、农、医各学科硕士毕业生总量来看，2018年，全国理学硕士毕业生人数为41 790人，是2005年的2.5倍；全国工学硕士毕业生人数为187 234人，是2005年的2.9倍；全国农学硕士毕业生人数为20 233人，是2005年的4.1倍；全国医学硕士毕业生人数为61 009人，是2005年的4.0倍（表2-3）。

表2-3　全国理、工、农、医各学科硕士毕业生人数

学科	毕业生人数/人				2018年是2005年的倍数/倍
	2005年	2010年	2015年	2018年	
理	16 570	34 016	37 878	41 790	2.5
工	63 514	111 250	176 130	187 234	2.9
农	4945	12 106	17 739	20 233	4.1
医	15 114	29 820	53 895	61 009	4.0
合计	100 143	187 192	285 642	310 266	3.1

数据来源：教育部网站，教育统计数据；《中国统计年鉴》。

总体来看，工学硕士毕业生总量最多，在各个时期均明显高于其他学科；农学硕士毕业生总量最少；4类学科硕士毕业生总量均持续增长。

从理、工、农、医各学科硕士毕业生数量增长速度来看，"十一五"以来，四类学科硕士毕业生年均增速总体上均有下降趋势。理学硕士毕业生年均增速在"十一五"到"十二五"期间大幅下降，但"十三五"以来略有回升；"十一五"以来，农学硕士毕业生增速下降较快，但相比较而言，"十三五"期间年均增速仍是四类学科中最快的（表2-4）。

表2-4　理、工、农、医各学科硕士毕业生数量增长情况

学科	"十一五"（2006—2010年）	"十二五"（2011—2015年）	"十三五"以来（2016—2018年）
理	15.5%	2.2%	3.3%
工	11.9%	9.6%	2.1%

续表

学科	"十一五" （2006—2010年）	"十二五" （2011—2015年）	"十三五"以来 （2016—2018年）
农	19.6%	7.9%	4.5%
医	14.6%	12.6%	4.2%
合计	13.3%	8.8%	2.8%

数据来源：教育部网站，教育统计数据；《中国统计年鉴》。

三、农、医学科博士毕业生增长趋缓，理、工学科有回升

从理、工、农、医各学科博士毕业生总量来看，2018年，全国理学博士毕业生人数为12 831人，是2005年的2.4倍；全国工学博士毕业生人数为22 033人，是2005年的2.3倍；全国农学博士毕业生人数为2762人，是2005年的2.5倍；全国医学博士毕业生人数为9699人，是2005年的2.3倍（表2-5）。

表2-5　全国理、工、农、医各学科博士毕业生人数

学科	毕业生人数/人				2018年是2005年 的倍数/倍
	2005年	2010年	2015年	2018年	
理	5458	9638	10 978	12 831	2.4
工	9427	17 428	18 729	22 033	2.3
农	1093	1973	2549	2762	2.5
医	4291	5762	8707	9699	2.3
合计	20 269	34 801	40 963	47 325	2.3

数据来源：教育部网站，教育统计数据；《中国统计年鉴》。

总体来看，工学博士毕业生总量最多，在各个时期均明显高于其他学科；农学博士毕业生总量最少，2018年仅有2000余人；各学科博士毕业生总量均持续增长。

从近年来理、工、农、医各学科博士毕业生数量增长速度来看，农学和医学学科博士毕业生年均增速从"十一五"以来呈现持续下降态势，农学下降最多，下降了近10个百分点；理学和工学学科博士毕业生年均增速在"十二五"期间下降后，"十三五"以来又有明显回升态势，年均增速均达到5.0%以上（表2-6）。

表2-6 理、工、农、医各学科博士毕业生数量增长情况

学科	"十一五" （2006—2010年）	"十二五" （2011—2015年）	"十三五"以来 （2016—2018年）
理	12.0%	2.6%	5.3%
工	13.1%	1.5%	5.6%
农	12.5%	5.3%	2.7%
医	6.1%	8.6%	3.7%
合计	11.4%	3.3%	4.9%

数据来源：教育部网站，教育统计数据；《中国统计年鉴》。

第三节 分机构学生教育培养状况

高校和科研机构是硕士、博士等高素质人才培养的两大主体，担负着人才培养、科学研究等重要使命，是科技人才培养储备的重要基地。

一、高校培养了超过98%的理、工、农、医学科研究生

2018年，全国共培养了理、工、农、医学科硕士毕业生31.0万人，其中，高校培养了30.6万人，占比达到98.8%，科研机构培养的硕士毕业生不到4000人。2018年全国共培养了理、工、农、医学科博士毕业生47 325人，其中，高校培养了46 393人，占比达到98.0%，科研机构培养的博士毕业生人数不到千人（表2-7）。

表2-7 高校和科研机构培养的理、工、农、医学科研究生毕业生数量

单位：人

培养主体	学历	2005年	2010年	2015年	2018年
高校	硕士	95 903	180 680	281 870	306 438
	博士	17 072	29 641	40 165	46 393
	研究生合计	112 975	210 321	322 035	352 831

续表

培养主体	学历	2005年	2010年	2015年	2018年
科研机构	硕士	4240	6512	3772	3828
	博士	3197	5160	798	932
	研究生合计	7437	11 672	4570	4760

数据来源：教育部网站，教育统计数据；《中国统计年鉴》。

注：科研机构2014年开始减少，中科院统计并入中科院大学。

二、科研机构培养博士毕业生增速加快

从2006年以来高校和科研机构培养研究生数量增速看，高校培养的硕士和博士毕业生数量年均增速均呈现明显的下降趋势，其中，硕士从"十一五"期间的年均增长13.5%持续下降到"十三五"期间的年均增长2.8%，下降了10.7个百分点；博士从"十一五"期间的年均增长11.7%持续下降到"十三五"期间的年均增长4.9%，下降了6.8个百分点。科研机构培养的硕士和博士毕业生数量在"十二五"期间经历了大幅下滑，主要原因是部分科研院所研究生招生和培养统筹到院所办大学中。"十三五"以来，科研机构培养的博士毕业生年均增速为5.3%，高于高校培养博士毕业生的年均增速（图2-7）。

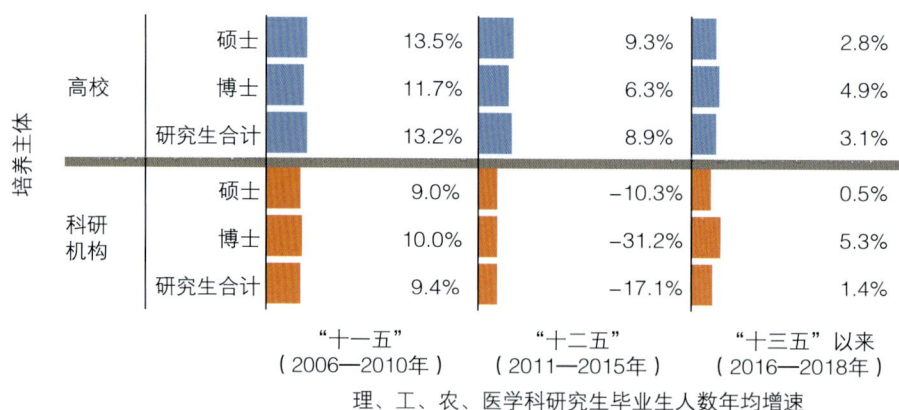

图2-7 高校和科研机构培养理、工、农、医学科研究生毕业生人数增长情况

（数据来源：教育部网站，教育统计数据；《中国统计年鉴》）

第四节　教育经费投入状况

教育经费投入是重要的创新资源，是科技人才教育与培养的基础支撑条件，反映了一个国家对科技人才的投入力度，直接影响科技人才队伍的供给与储备。近年来，我国不断加大教育经费投入，2018年，全国教育经费总投入为46 143.0亿元，其中，国家财政性教育经费①为36 995.8亿元，占GDP的比重为4.11%，为教育基础条件和环境改善及教师队伍建设提供了不可或缺的支撑与保障，在扩大科技人才储备的数量规模、启发他们的科学素质与提升创新能力等方面发挥了重要作用。

一、教育经费投入快速增长

近年来，我国国家财政性教育经费投入一直处于快速增长态势，2018年达到36 995.8亿元，是2005年的7.2倍。从历年增长情况看，"十一五"期间，国家财政性教育经费投入年均增速高达23.2%；"十二五"期间，增速有所下降，但仍保持14.8%的两位数年均增速；"十三五"以来，增速继续下降，年均增速下降到10.0%以内，但仍高于全国GDP增长速度（图2-8）。

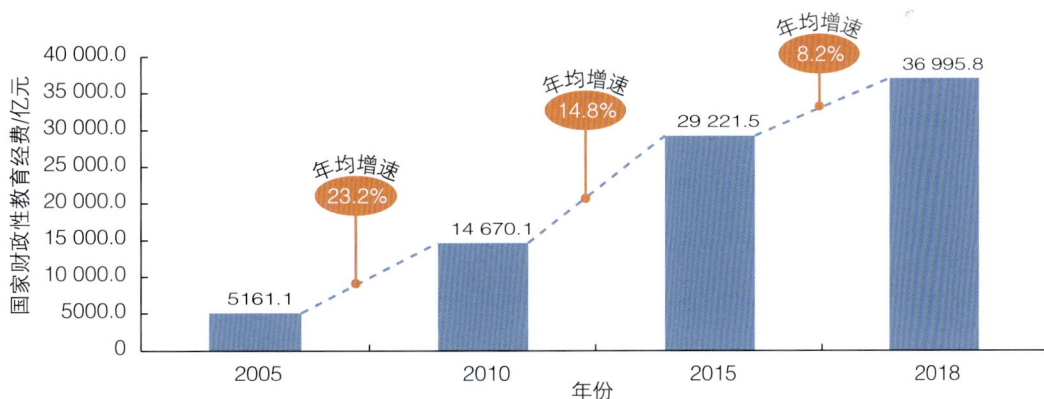

图2-8　国家财政性教育经费投入与增长情况（按现价计算）

（数据来源：教育部网站，教育统计数据；《中国统计年鉴》）

---

① 国家财政性教育经费：主要包括一般公共预算安排的教育经费，政府性基金预算安排的教育经费，国有及国有控股企业办学中的企业拨款，校办产业和社会服务收入用于教育的经费等。

二、高校生均教育事业费支出稳步增长

一般公共预算教育经费主要用于教育事业费、基建经费和教育费附加等,其中,教育事业费是直接对各级各类学校的人员投入经费,直接影响教师队伍建设和学生培养。

近年来,我国普通高校生均一般公共预算教育事业费支出一直处于快速增长态势,2018年达到20 973.6元,是2005年的3.9倍。从历年增长情况看,"十一五"期间,我国普通高校生均一般公共预算教育事业费支出年均增速为12.3%;"十二五"期间,年均增速稳步上升至13.6%;"十三五"以来,年均增速下降到5.0%(图2-9)。

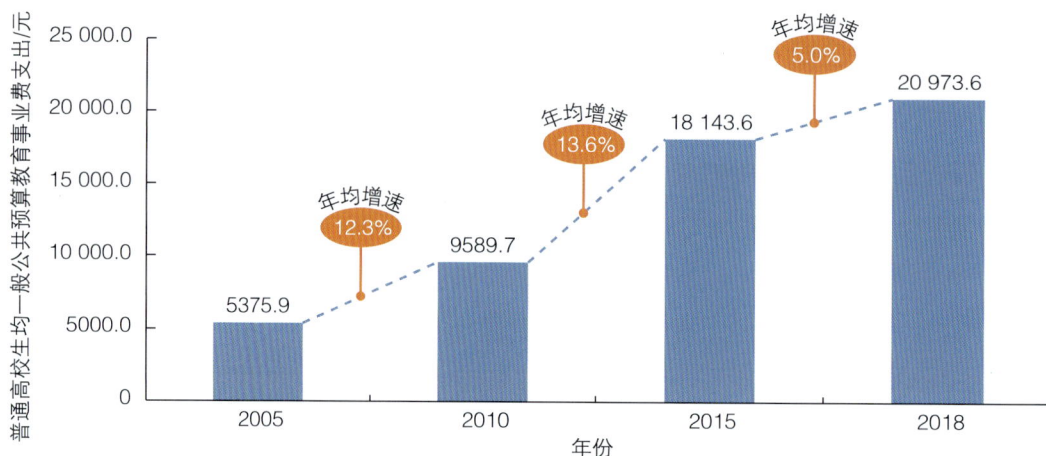

图2-9 普通高校生均一般公共预算教育事业费支出与增长情况

(数据来源:《教育部、国家统计局、财政部关于全国教育经费执行情况统计公告》)

三、近九成省(区、市)教育事业费投入力度加大

从各省(区、市)情况来看,北京市普通高校生均一般公共预算教育事业费支出额度最高,2018年达到58 805.0元,是全国平均水平的2.8倍,超过全国平均水平1.5倍以上的地区还有上海市、青海省和西藏自治区。2017—2018年,普通高校生均一般公共预算教育事业费支出增长最快的是青海省,增速达到32.9%,其次是海南省和江西省,增速分别为25.2%和18.8%(图2-10)。

地区	2017年 费用支出/元	2018年	年增速
全国	20 298.6	20 973.6	3.3%
北京	63 805.4	58 805.0	−7.8%
天津	23 422.2	22 865.2	−2.4%
河北	17 134.7	17 338.5	1.2%
山西	13 659.8	13 885.4	1.7%
内蒙古	18 654.1	19 008.9	1.9%
辽宁	13 252.9	14 160.3	6.9%
吉林	17 973.1	18 319.3	1.9%
黑龙江	15 379.9	16 211.7	5.4%
上海	33 711.7	36 405.5	8.0%
江苏	20 274.8	20 461.9	0.9%
浙江	20 113.3	20 779.6	3.3%
安徽	14 389.8	15 466.4	7.5%
福建	19 164.8	19 471.4	1.6%
江西	14 680.7	17 446.8	18.8%
山东	13 769.6	14 528.4	5.5%
河南	13 742.0	14 225.6	3.5%
湖北	16 842.6	17 188.1	2.1%
湖南	13 945.7	14 860.4	6.6%
广东	24 149.2	25 877.3	7.2%
广西	16 124.8	13 854.6	−14.1%
海南	17 942.1	22 465.1	25.2%
重庆	15 226.0	15 457.6	1.5%
四川	13 983.1	14 907.1	6.6%
贵州	17 781.2	19 490.0	9.6%
云南	15 424.6	15 333.3	−0.6%
西藏	34 070.3	37 281.7	9.4%
陕西	16 115.4	16 032.2	−0.5%
甘肃	19 841.8	20 701.0	4.3%
青海	25 439.0	33 795.0	32.9%
宁夏	25 081.0	25 120.9	0.2%
新疆	17 207.8	18 182.5	5.7%

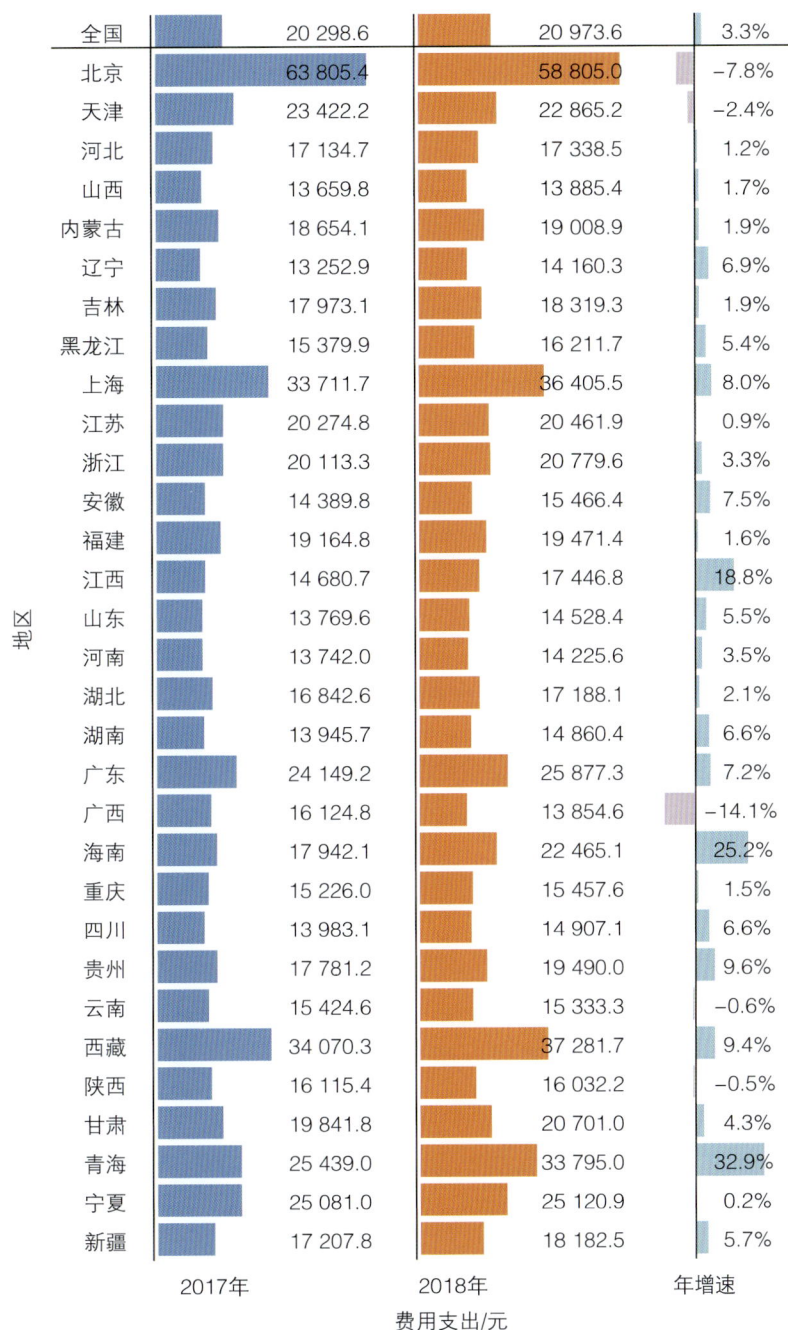

图2-10 各地区普通高校生均一般公共预算教育事业费支出

（数据来源：《教育部、国家统计局、财政部关于全国教育经费执行情况统计公告》）

中国科技人才状况调查报告2019

研发人员总量

第三章

与结构

研究与试验发展（R&D）人员是指从事基础研究、应用研究和试验发展3类活动的人员，包括直接参加R&D活动的人员及直接为R&D活动提供服务的管理行政人员和办事人员。R&D人员是正在从事科技创新与研发活动的主要群体，是科技人才队伍的主体。R&D人员是提高研发能力和水平的重要保障，是科技活动的核心要素。国际上，通常以R&D人员指标比较各国科技人才情况。R&D人员队伍的规模、强度、结构等特征，对科技创新活动开展、科技创新成果水平及科技服务于经济社会发展能力均产生直接影响。近年来，我国R&D人员队伍持续发展壮大，结构布局不断优化，素质能力明显提升，为我国科技创新事业蓬勃发展、取得举世瞩目的成就提供了重要支撑与保障。

第一节　R&D人员总量

R&D人员数量有两种统计方式，一种是按人头统计，即有多少人从事研发活动；另一种是用全时工作当量统计，即全时从事研发活动的人员数与非全时人员按工作量折算为全时人员数的总和，全时R&D人员是指在报告年度实际从事R&D活动的时间占全年工作时间90%及以上的人员，非全时R&D人员是指在报告年度从事R&D活动的时间占全年工作时间10%（含10%）～90%（不含90%）的人员。R&D人员全时当量是国际上为比较科技人力投入而制定的可比指标。

一、R&D人员总量持续增长，增速放缓

近年来，我国R&D人员全时当量一直保持快速增长，2018年达到438.1万人年，是2005年的3.2倍。从历年增长情况看，"十一五"期间，我国R&D人员总量保持两位数增速，年均增速达到13.3%；"十二五"期间，增速有所下降，年均增速为8.0%，比"十一五"期间下降了5.3个百分点；"十三五"以来，增速继续下降，年均增速为5.2%（图3-1）。

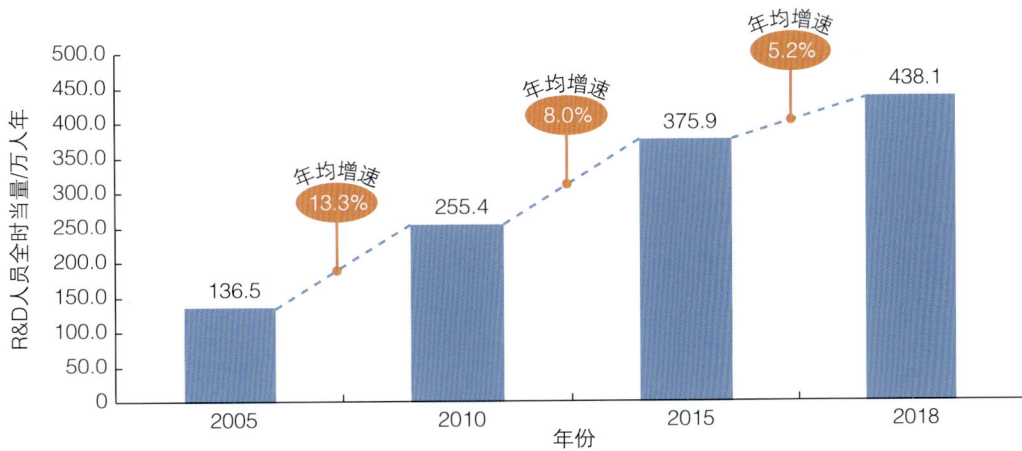

图3-1 中国R&D人员全时当量与增长情况

（数据来源：《中国科技统计年鉴》）

二、中国R&D人员总量居世界首位

从国际来看，我国R&D人员全时当量从2013年以来稳居世界首位。2017年，我国R&D人员全时当量是俄罗斯的5.2倍，是日本的4.5倍，是德国的5.9倍，是英国的9.5倍（图3-2）。

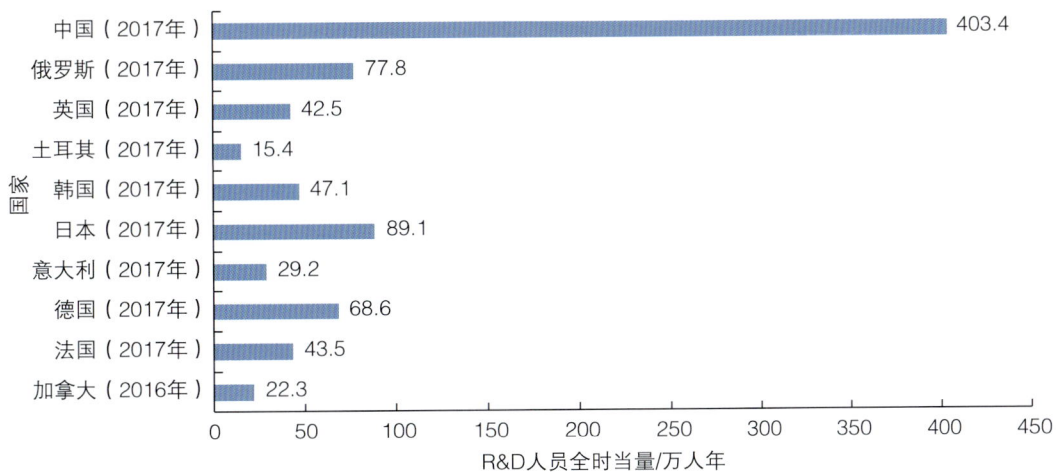

图3-2 部分国家R&D人员全时当量比较

（数据来源：《中国科技统计年鉴》）

第二节 R&D人员投入强度

国际上通常用万名就业人员中R&D人员全时当量测度一个国家R&D人员投入强度，在一定程度上也反映了全社会劳动人员的素质水平。

一、R&D人员投入强度逐年增强，增速放缓

近年来，我国R&D人员投入强度逐年增强，2018年达到56.5人年/万人，是2005年的3.1倍。从历年增长情况看，"十一五"期间，我国R&D人员投入强度保持两位数增长，年均增速达到13.3%；"十二五"期间，增速有所下降，年均增速为7.7%，比"十一五"期间下降了5.6个百分点；"十三五"以来，增速继续下降，年均增速为5.2%（图3-3）。

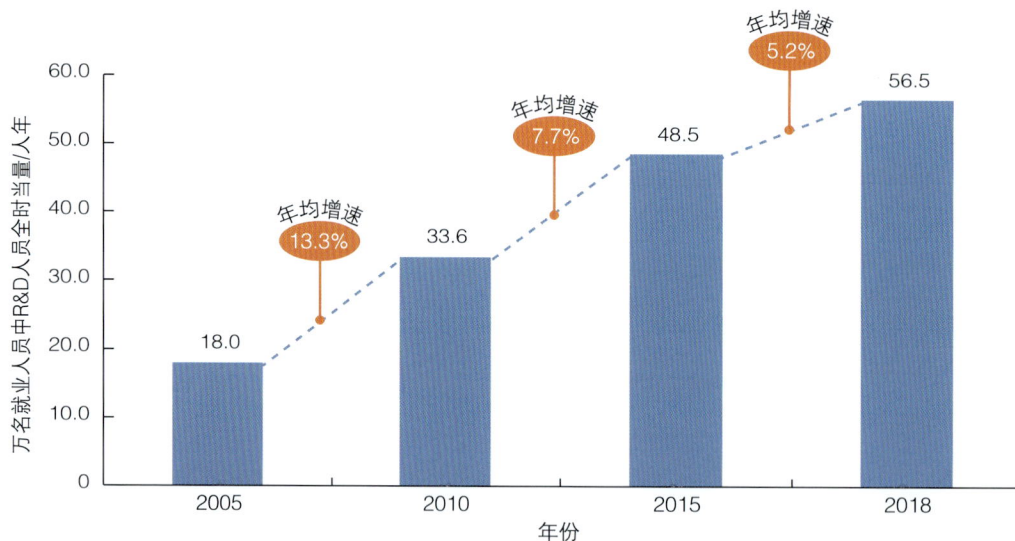

图3-3　中国万名就业人员中R&D人员全时当量与增长情况

（数据来源：《中国科技统计年鉴》）

二、部分国家R&D人员投入强度

从部分国家R&D人员投入强度来看，韩国、法国、德国、英国、日本等发达国家的R&D人员投入强度均在100人年以上，远高于我国R&D人员投入强度。2017年我国万名就业人员中R&D人员全时当量仅为德国、法国等国的1/3左右，是日本、英国等国的1/2以下（图3-4）。

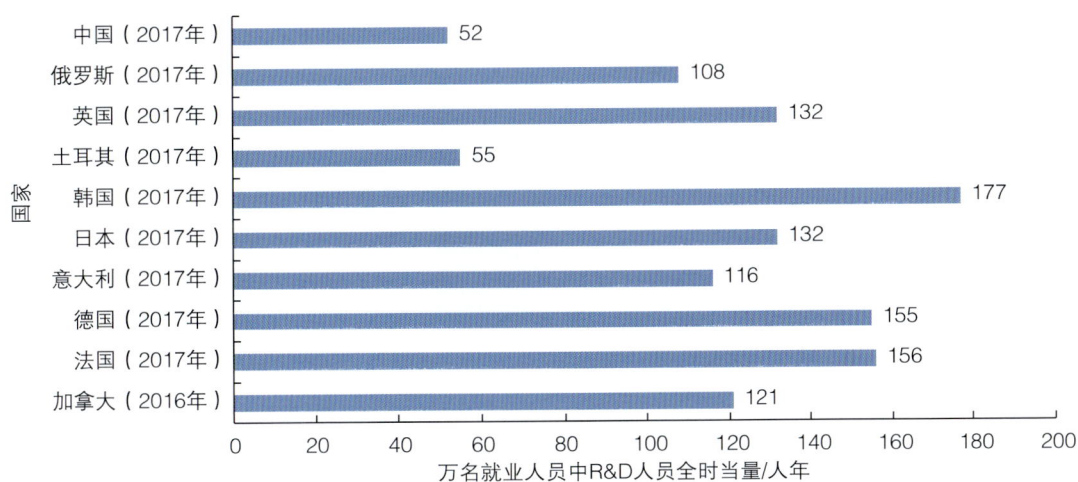

图3-4 部分国家万名就业人员中R&D人员全时当量比较

（数据来源：OECD统计数据；《中国科技统计年鉴》）

第三节　R&D人员中的研究人员

R&D研究人员是指R&D人员中具备中级以上职称或博士学历（学位）的人员，是R&D人员中最具创造力的人群，直接决定了国家R&D人员队伍的整体科技创新能力和科技创新水平。

一、R&D研究人员占比超四成

近年来，我国R&D研究人员全时当量持续增长，2018年达到186.6万人年，比2010年增长了54.1%。从历年增长情况看，"十二五"期间，R&D研究人员全时当量年均增速为6.0%；"十三五"以来增速有所下降，年均增速为4.8%（图3-5）。

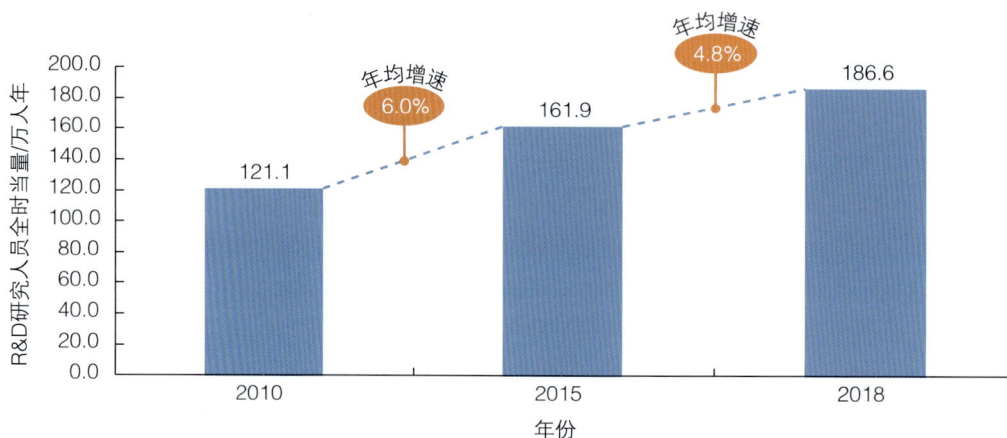

图3-5　中国R&D研究人员全时当量与增长情况

（数据来源：《中国科技统计年鉴》）

从R&D研究人员全时当量在R&D人员全时当量所占的比重来看，近年来我国R&D研究人员占比一直在四成以上，"十三五"以来所占比重在43.0%左右（图3-6）。

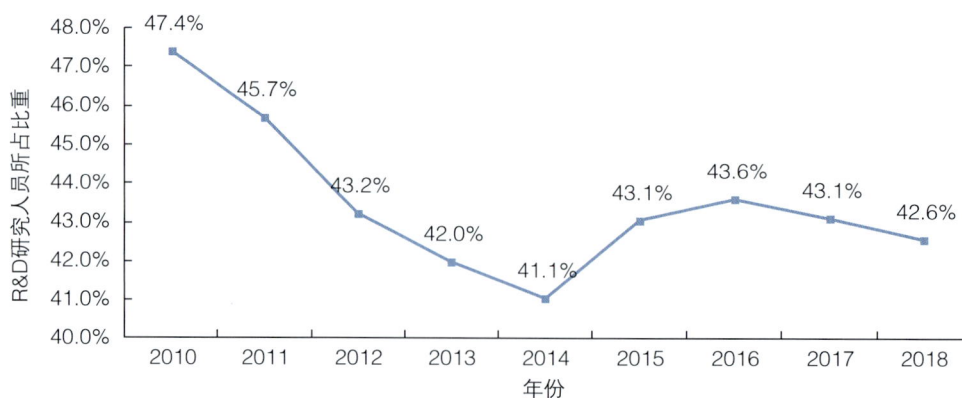

图3-6　R&D研究人员在R&D人员总量中的比重

（数据来源：《中国科技统计年鉴》）

二、部分国家R&D研究人员比重

从国际来看，我国R&D研究人员全时当量远超其他国家。2017年，我国R&D研究人员全时当量是俄罗斯的4.2倍，是日本的2.6倍，是德国的4.1倍，是法国的6.0倍。但从R&D研究人员在R&D人员总量中的占比来看，我国R&D研究人员占比仅为43.1%，大部分国家都在50.0%以上，韩国R&D研究人员占比超过80.0%，日本、土耳其等国家R&D研究人员占比在70.0%以上，加拿大、法国、德国等国家R&D研究人员占比在60.0%以上，俄罗斯R&D研究人员占比在50.0%以上（图3-7）。

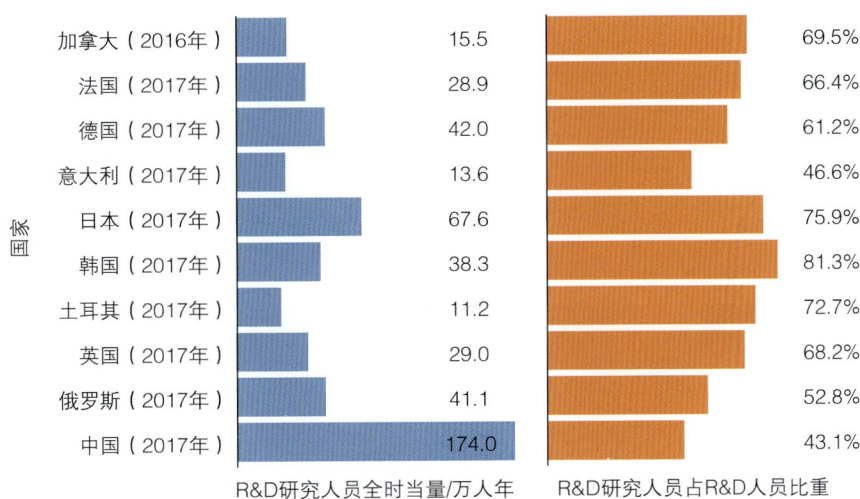

国家	R&D研究人员全时当量/万人年	R&D研究人员占R&D人员比重
加拿大（2016年）	15.5	69.5%
法国（2017年）	28.9	66.4%
德国（2017年）	42.0	61.2%
意大利（2017年）	13.6	46.6%
日本（2017年）	67.6	75.9%
韩国（2017年）	38.3	81.3%
土耳其（2017年）	11.2	72.7%
英国（2017年）	29.0	68.2%
俄罗斯（2017年）	41.1	52.8%
中国（2017年）	174.0	43.1%

图3-7　部分国家R&D研究人员全时当量与在R&D人员总量中所占比重情况

（数据来源：OECD统计数据；《中国科技统计年鉴》）

第四节　R&D人员执行部门分布

R&D活动按执行部门分，主要分布在企业、研发机构、高校三大类部门中，R&D人员在执行部门的分布情况在一定程度上反映了各类创新主体研发人员的投入情况。

一、企业R&D人员占比近八成

从我国R&D人员在各类执行部门的分布来看，企业是R&D人员的主要集聚地。2005年，我国企业R&D人员全时当量为88.3万人年，在全国R&D人员总量中占比为64.7%；"十二五"以来，企业R&D人员占比不断提高，2018年已经达到78.2%。研发机构和高校R&D人员占比则从2005年的15.0%～17.0%逐步下降到2018年的10.0%以下（图3-8）。

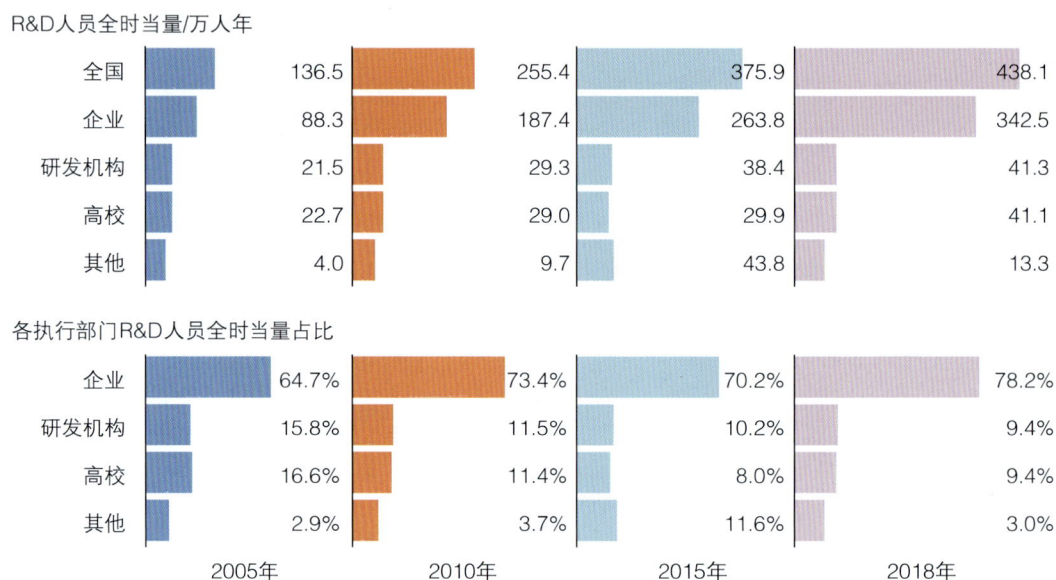

R&D人员全时当量/万人年

	2005年	2010年	2015年	2018年
全国	136.5	255.4	375.9	438.1
企业	88.3	187.4	263.8	342.5
研发机构	21.5	29.3	38.4	41.3
高校	22.7	29.0	29.9	41.1
其他	4.0	9.7	43.8	13.3

各执行部门R&D人员全时当量占比

	2005年	2010年	2015年	2018年
企业	64.7%	73.4%	70.2%	78.2%
研发机构	15.8%	11.5%	10.2%	9.4%
高校	16.6%	11.4%	8.0%	9.4%
其他	2.9%	3.7%	11.6%	3.0%

图3-8 中国R&D人员按执行部门分布

（数据来源：《中国科技统计年鉴》）

从2006年以来各执行部门R&D人员全时当量增长情况来看，企业对R&D人员的集聚效应最为明显。"十一五"期间，企业R&D人员全时当量年均增速高达16.2%，远超研发机构和高校R&D人员年均增速。"十二五"期间，企业R&D人员全时当量增速有所下降，年均增速为7.1%，比"十一五"期间下降了约9个百分点，但仍高于研发机构和高校R&D人员年均增速。"十三五"以来，企业R&D人员全时当量增速有所回升，年均增速为9.1%；高校R&D人员全时当量快速增长，年均增速超过企业，达到11.2%；研发机构R&D人员全时当量则增长缓慢，年均增速仅为2.5%（图3-9）。

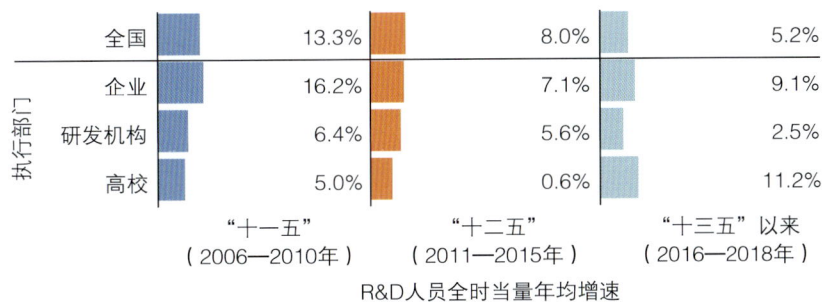

全国	13.3%	8.0%	5.2%
企业	16.2%	7.1%	9.1%
研发机构	6.4%	5.6%	2.5%
高校	5.0%	0.6%	11.2%
	"十一五" （2006—2010年）	"十二五" （2011—2015年）	"十三五"以来 （2016—2018年）

R&D人员全时当量年均增速

图3-9　各执行部门R&D人员全时当量增长情况

（数据来源：《中国科技统计年鉴》）

从近年来各执行部门对全国R&D人员全时当量增长的贡献情况来看，企业贡献最大。2005—2018年，我国R&D人员全时当量增加了301.6万人年，其中，有84.3%来自企业R&D人员，有6.6%来自研发机构，有6.1%来自高校（表3-1）。

表3-1　各执行部门对全国R&D人员全时当量增长的贡献情况

执行部门	2018年比2005年增长		
	R&D人员全时当量增量/ 万人年	增长率	对全国R&D人员全时当量 增长的贡献率
全国	301.6	221.0%	—
企业	254.2	287.9%	84.3%
研发机构	19.8	92.1%	6.6%
高校	18.4	81.0%	6.1%

数据来源：《中国科技统计年鉴》。

二、部分国家R&D人员按执行部门分布

国际上，通常以企业、政府部门和高等教育部门来划分R&D活动的执行部门，其中，政府部门含政府研发机构和事业单位两个部分。2017年，中国、韩国等国家企业部门R&D人员占比最高，占到该国R&D人员总量的70.0%以上。英国、加拿大、土耳其等国家高等教育部门R&D人员占比均在30.0%以上，明显高于其他国家该执行部门R&D人员占比。俄罗斯等国家政府部门从事R&D活动的人员占比明显高于其他国家，占比超过35.0%（图3-10）。

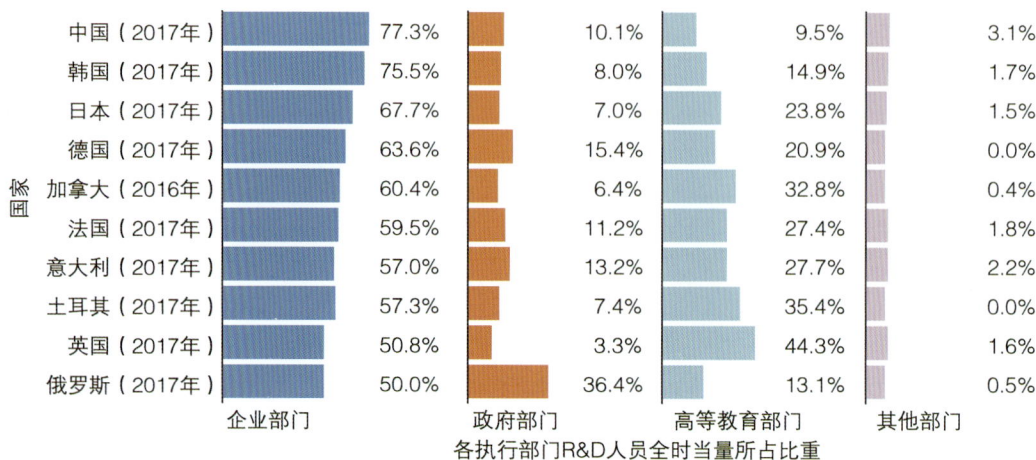

图3-10　R&D人员全时当量按执行部门分布的国际比较

（数据来源：《中国科技统计年鉴》）

第五节　R&D人员学历结构

R&D人员受教育水平反映了其科研知识储备，在一定程度上直接影响一个国家科技人才队伍的整体素质和创新能力。近年来，我国R&D人员受教育水平不断提高，2018年我国R&D人员总量为657.1万人，其中超六成具备本科及以上学历。

一、本科及以上R&D人员占比超六成

近年来，我国本科及以上R&D人员数量持续增加，2018年达到418.3万人，是2010年的2.3倍，在R&D人员总量中的比重从50.5%增加到63.7%，增长了13.2个百分点。

从各学历R&D人员占比情况看，我国R&D人员中以本科为主，2010年本科R&D人员占比为30.8%，至2018年增加到41.9%。2010—2018年，硕士R&D人员占比变化不大，始终维持在14.0%~15.0%；博士R&D人员占比略有增长，从2010年的5.7%增加到2018年的6.9%（图3-11）。

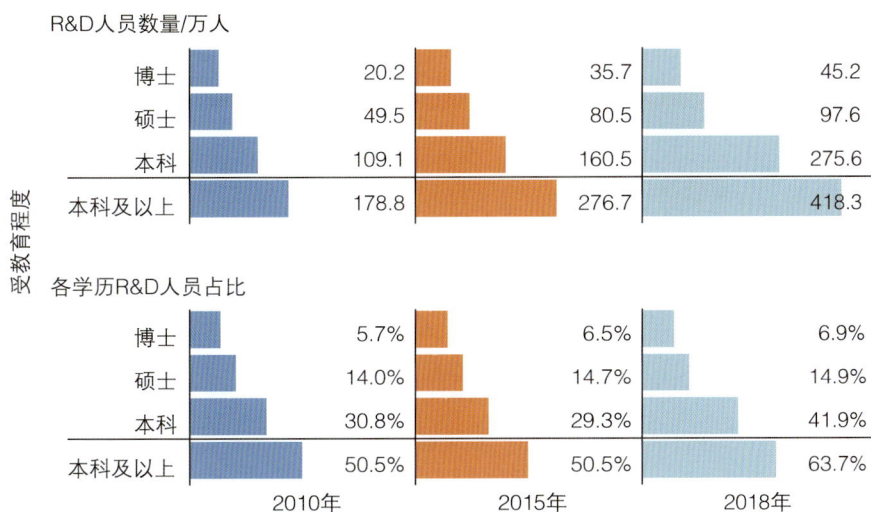

图3-11 中国R&D人员学历结构情况

（数据来源：《中国科技统计年鉴》）

二、本科R&D人员数量加快增长

从我国R&D人员数量增长情况看，"十二五"期间，我国R&D人员数量年均增速为9.1%，硕士和博士R&D人员数量均达到两位数高速增长，明显高于全国平均水平（图3-12）。"十三五"以来，我国R&D人员数量增长放缓，年均增速为6.2%，虽然本科、硕士、博士R&D人员增速均有所下降，但仍均高于全国平均水平，其中，本科R&D人员加快增长，年均增速已达近20.0%，平均每年增加38.3万人（图3-13）。

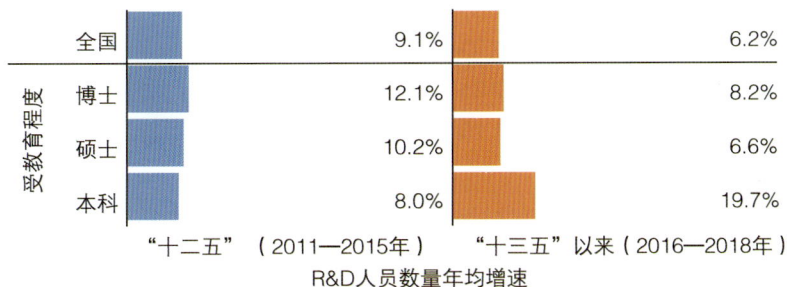

图3-12 "十二五"以来各学历R&D人员增长情况

（数据来源：《中国科技统计年鉴》）

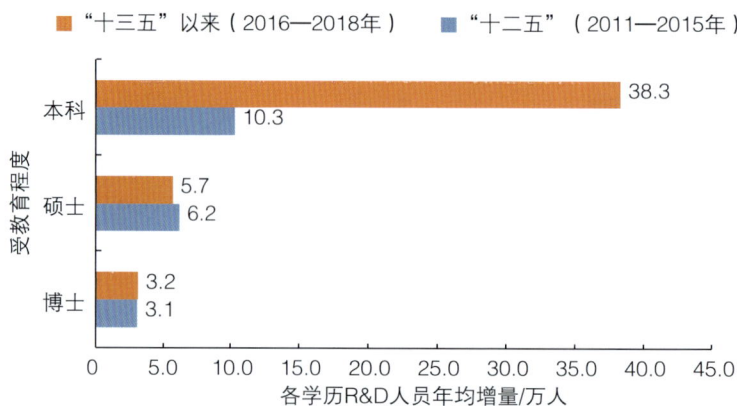

图3-13　"十二五"以来各学历R&D人员增长情况

（数据来源：《中国科技统计年鉴》）

三、各类创新主体R&D人员学历明显提高

从各类创新主体的R&D人员学历结构来看，企业R&D人员以本科为主，2010—2018年，本科R&D人员占比从30.1%增加到47.5%，增加了17.4个百分点；硕士和博士R&D人员占比较低，且一直维持在8.0%左右，没有明显变化。研发机构R&D人员由以本科为主变为以硕士为主，2010—2018年，本科R&D人员占比从40.1%下降到31.5%，硕士R&D人员占比则从26.6%增加到36.9%，增加了超过10个百分点；博士R&D人员占比从12.2%增加到18.3%，增加了6.1个百分点。高校R&D人员则一直以硕士为主，2010—2018年，硕士R&D人员占比从35.3%增加到41.1%；博士R&D人员占比明显增加，从21.7%增加到31.6%，增加了近10个百分点（图3-14）。

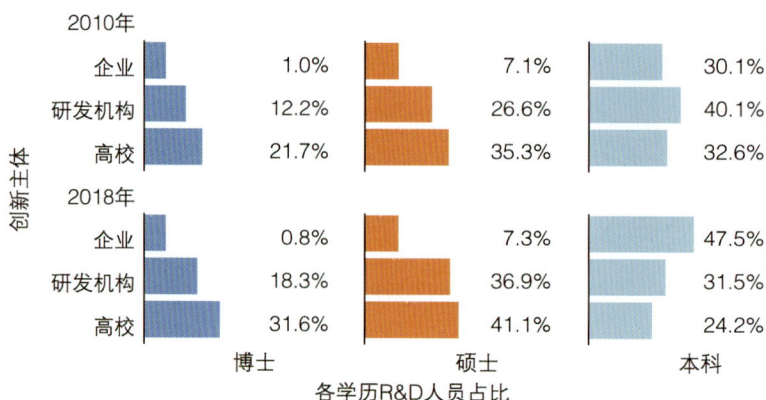

图3-14　各类创新主体R&D人员学历结构

（数据来源：《中国科技统计年鉴》）

中国科技人才状况调查报告2019

各类研发活动

第四章

与产业研发人员状况

企业是重要的创新主体，近年来，我国开展研发活动的企业数量持续增长，企业人才集聚效应明显，随着企业R&D人员规模不断壮大，从事试验发展研发活动的R&D人员数量也明显增多。各类研发活动、工业各行业及高技术产业的研发人员投入状况，从不同层面反映了我国科技人才分布情况及其对经济和产业发展的支撑情况。

第一节　各类研发活动R&D人员状况

按研发活动的性质与类型，研发活动可分为基础研究、应用研究、试验发展3类。从各类研发活动的R&D人员投入情况看，我国从事试验发展研发活动的R&D人员数量远远超过从事基础研究和应用研究研发活动的R&D人员数量，研发机构和高校基础研究R&D人员所占比重有明显提升。

一、试验发展R&D人员占比超过八成

从R&D人员在各类研发活动的投入分布来看，我国从事试验发展的R&D人员最多，2018年，从事试验发展的R&D人员全时当量为353.8万人年，占全国R&D人员总量的80.7%；从事应用研究的R&D人员全时当量为53.9万人年，占比为12.3%；从事基础研究的R&D人员全时当量为30.5万人年，占比为7.0%。2005—2018年，从事基础研究和应用研究的R&D人员占比均有所下降，从事试验发展的R&D人员占比则大幅上升，增加了11.0个百分点（图4-1）。

近年来，我国各类研发活动R&D人员全时当量均持续增长，2005—2018年，试验发展R&D人员增加了258.6万人年，对全国R&D人员全时当量增长的贡献率超过了80.0%；基础研究R&D人员增加了19.0万人年，贡献率为6.3%；应用研究R&D人员增加了24.2万人年，贡献率为8.0%（表4-1）。

R&D人员全时当量/万人年

全国		136.5	255.4	375.9	438.1
基础研究		11.5	17.4	25.3	30.5
应用研究		29.7	33.6	43.0	53.9
试验发展		95.2	204.5	307.5	353.8

各类研发活动R&D人员占比

基础研究	8.4%	6.8%	6.7%	7.0%
应用研究	21.7%	13.1%	11.5%	12.3%
试验发展	69.7%	80.1%	81.8%	80.7%
	2005年	2010年	2015年	2018年

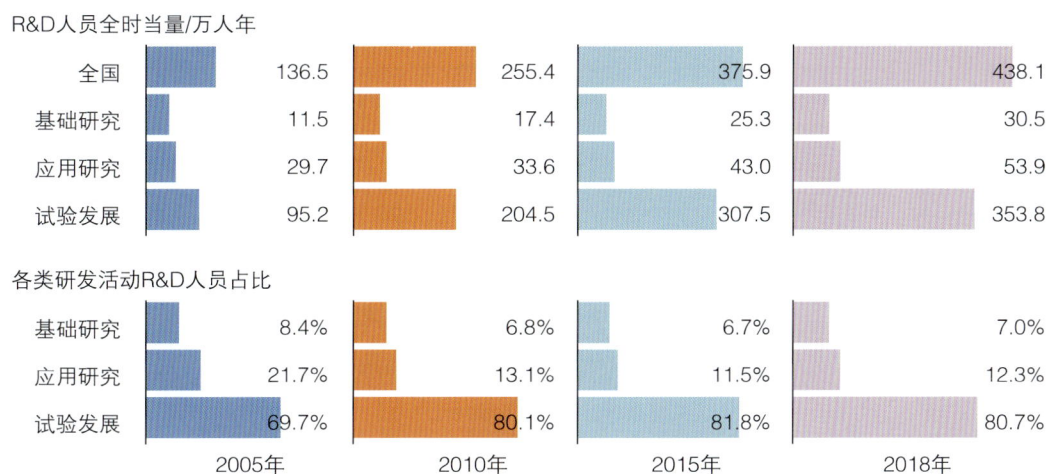

图4-1　各类研发活动R&D人员投入情况

(数据来源:《中国科技统计年鉴》)

表4-1　各类研发活动对全国R&D人员全时当量增长的贡献

各类研发活动	2018年比2005年增长		
	R&D人员全时当量增量/万人年	增长率	对全国R&D人员全时当量增长的贡献率
全国	301.6	221.0%	—
基础研究	19.0	165.2%	6.3%
应用研究	24.2	81.5%	8.0%
试验发展	258.6	271.6%	85.7%

数据来源:《中国科技统计年鉴》。

二、应用研究R&D人员加快增长

从各类研发活动R&D人员全时当量增速来看,基础研究和试验发展R&D人员增速有所下降,应用研究R&D人员增速则持续上升。应用研究R&D人员全时当量年均增速从"十一五"期间的2.5%逐步上升到"十三五"以来的7.8%;基础研究R&D人员全时当量年均增速从"十一五"期间的8.6%逐步下降到"十三五"以来的6.4%;试验发展R&D人员全时当量增速大幅下降,年均增速从"十一五"期间的16.5%逐步下降到"十三五"以来的4.8%,下降了11.7个百分点(图4-2)。

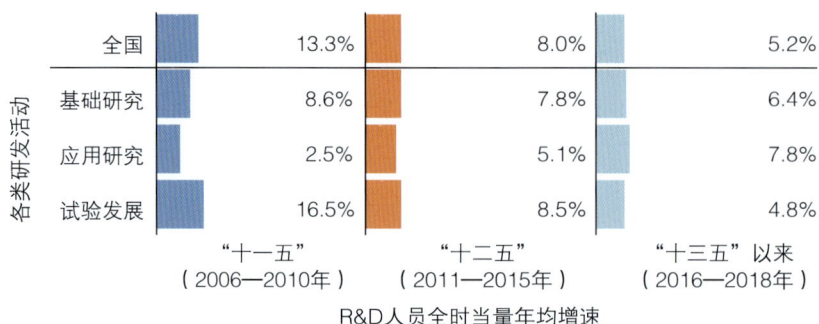

图4-2　各类研发活动R&D人员全时当量增长情况

（数据来源：《中国科技统计年鉴》）

三、研发机构和高校基础研究R&D人员占比明显提高

从三大创新主体R&D人员在各类研发活动的投入分布来看，企业R&D人员主要从事试验发展研究，2018年，企业试验发展R&D人员占比为96.0%；2010—2018年，企业应用研究R&D人员占比略有提高，从1.5%提高至3.8%，企业基础研究R&D人员占比则一直维持较低的水平，不足0.5%。研发机构从事试验发展的R&D人员占比也较高，2010—2018年，研发机构试验发展R&D人员占比超过40.0%，应用研究R&D人员占比超过1/3，这两个领域R&D人员占比均有所下降；研发机构基础研究R&D人员占比有明显提升，从14.3%提高至20.6%，提高了6.3个百分点。高校R&D人员主要从事基础研究和应用研究，2018年，高校基础研究R&D人员占比为46.6%，应用研究人员占比为47.9%，试验发展R&D人员占比仅为5.5%；2010—2018年，高校从事应用研究和试验发展的R&D人员占比均有所下降，基础研究R&D人员占比则有了明显提升，从41.4%提高至46.6%，提高了5.2个百分点（图4-3）。

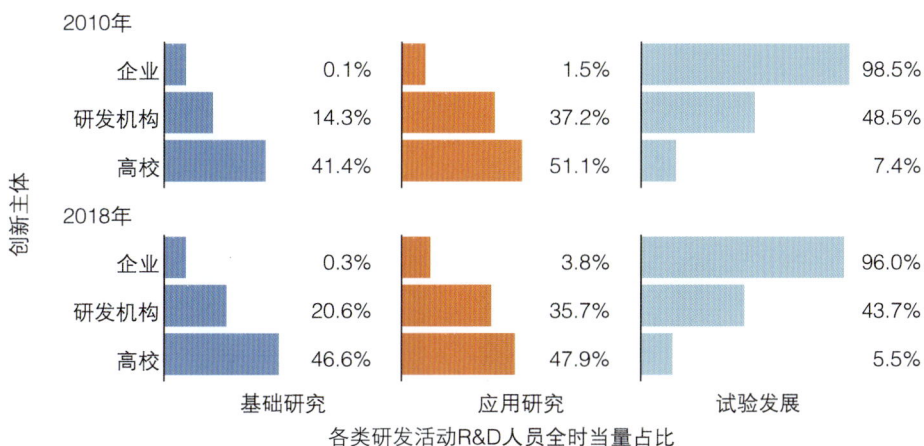

图4-3　不同创新主体R&D人员在各类研发活动的投入分布情况

（数据来源：《中国科技统计年鉴》）

第二节　工业企业R&D人员状况

2018年，我国企业R&D人员全时当量为342.5万人年，其中，规模以上工业企业①（以下简称"规上工业企业"）R&D人员全时当量为298.1万人年，占企业R&D人员总量的87.0%。企业是技术创新的主体，工业企业集聚了我国绝大多数的R&D人员，有力地推动了我国传统产业转型升级和新兴产业加速发展。

一、工业企业R&D人员队伍持续壮大

"十二五"以来，我国开展R&D人员活动的企业数量快速增长，2018年为10.5万家，是2011年的2.8倍；开展R&D人员活动的企业所占比重也有了明显提升，2018年为28.0%，比2011年增加了16.5个百分点（图4-4）。

---

① 从2011年起，规模以上工业企业的统计范围从年主营业务收入为500万元及以上的法人工业企业调整为年主营业务收入为2000万元及以上的法人工业企业。

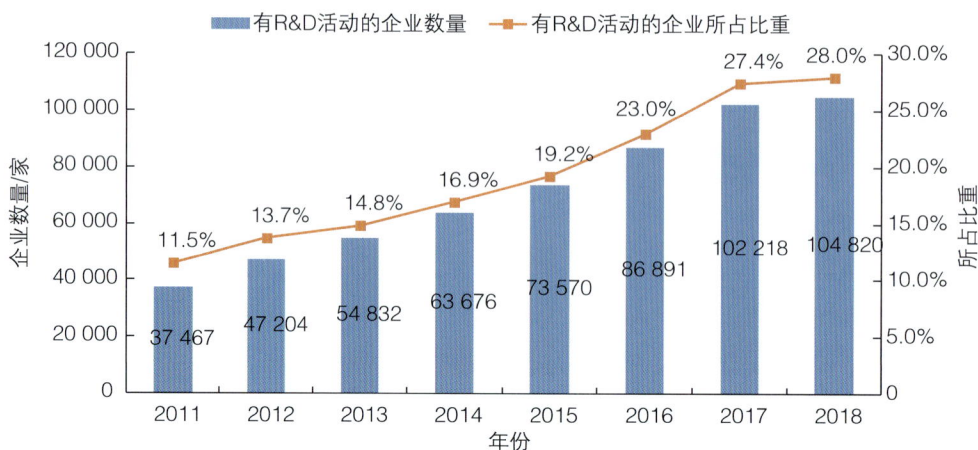

图4-4　规上工业企业R&D活动情况

（数据来源：《中国科技统计年鉴》）

　　随着我国开展R&D活动的企业数量大幅增加，我国规上工业企业研发人员队伍也持续壮大。2018年我国规上工业企业R&D人员全时当量为298.1万人年，比2011年增长了53.7%。"十二五"期间，规上工业企业R&D人员全时当量年均增速为8.0%，"十三五"以来，增速有所放缓，下降了3.8个百分点（图4-5）。

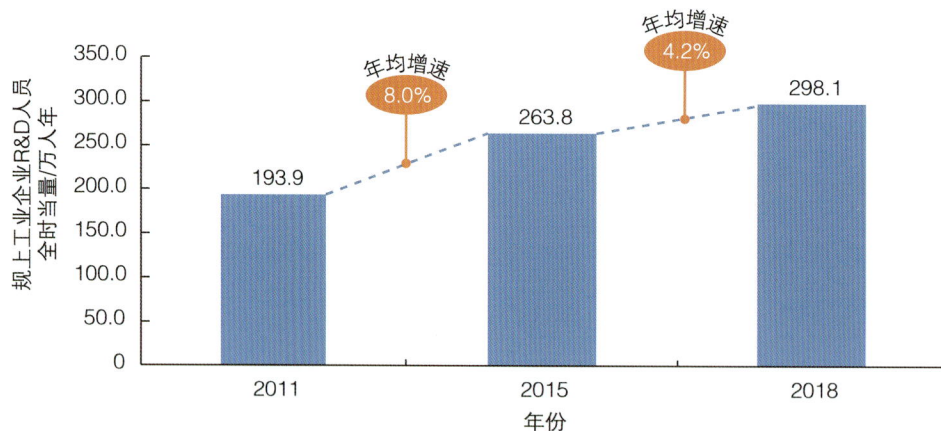

图4-5　规上工业企业R&D人员全时当量及增长情况

（数据来源：《中国科技统计年鉴》）

二、近1/4行业R&D人员全时当量超过10万人年

　　从规上工业企业各行业R&D人员分布来看，2018年，计算机、通信和其他电子设备制造业R&D人员全时当量为55.3万人年，占规上工业企业R&D人员总量的18.6%，

远远高于其他行业。R&D人员全时当量超过10.0万人年的行业还有通用设备制造业、汽车制造业、电气机械和器材制造业等8个行业。从R&D人员中研究人员所占比重来看，石油和天然气开采业研究人员占比最高，达到53.0%；研究人员占比超过1/3的行业还有医药制造业，铁路、船舶、航空航天和其他运输设备制造业，以及各种能源和资源的生产供应业等行业（图4-6）。

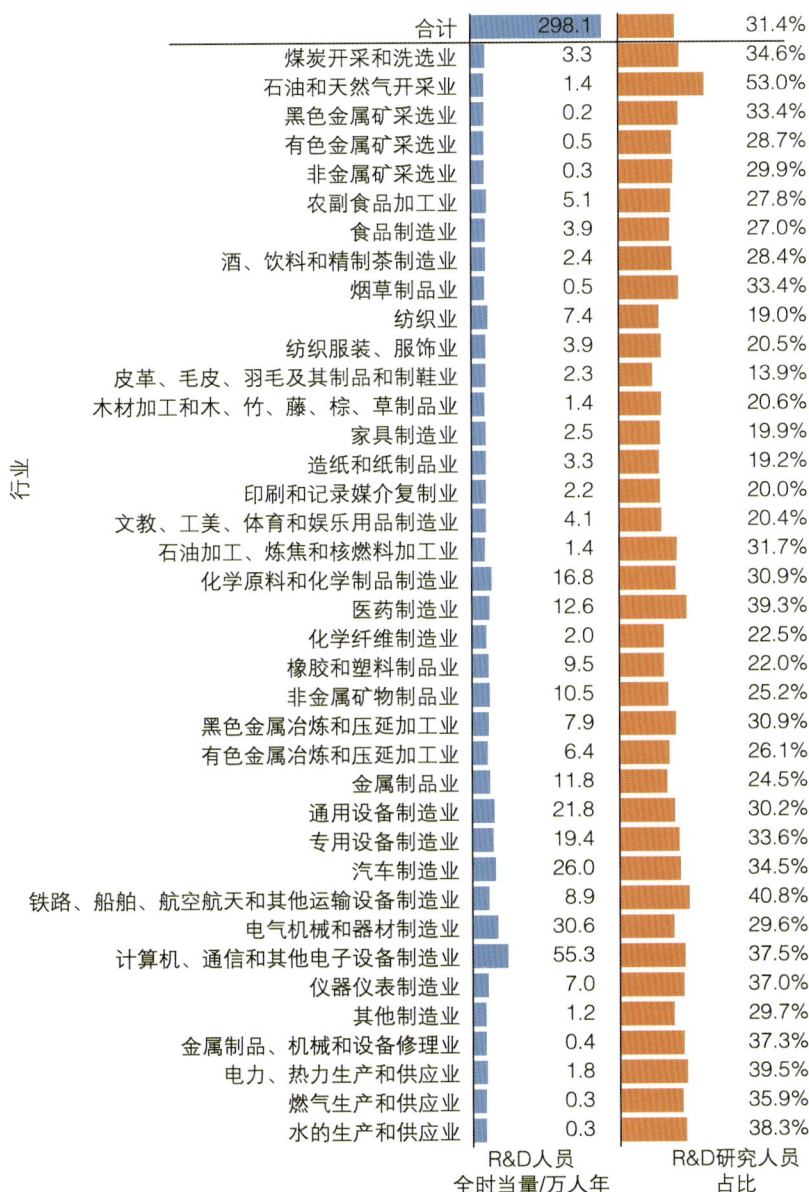

行业	R&D人员全时当量/万人年	R&D研究人员占比
合计	298.1	31.4%
煤炭开采和洗选业	3.3	34.6%
石油和天然气开采业	1.4	53.0%
黑色金属矿采选业	0.2	33.4%
有色金属矿采选业	0.5	28.7%
非金属矿采选业	0.3	29.9%
农副食品加工业	5.1	27.8%
食品制造业	3.9	27.0%
酒、饮料和精制茶制造业	2.4	28.4%
烟草制品业	0.5	33.4%
纺织业	7.4	19.0%
纺织服装、服饰业	3.9	20.5%
皮革、毛皮、羽毛及其制品和制鞋业	2.3	13.9%
木材加工和木、竹、藤、棕、草制品业	1.4	20.6%
家具制造业	2.5	19.9%
造纸和纸制品业	3.3	19.2%
印刷和记录媒介复制业	2.2	20.0%
文教、工美、体育和娱乐用品制造业	4.1	20.4%
石油加工、炼焦和核燃料加工业	1.4	31.7%
化学原料和化学制品制造业	16.8	30.9%
医药制造业	12.6	39.3%
化学纤维制造业	2.0	22.5%
橡胶和塑料制品业	9.5	22.0%
非金属矿物制品业	10.5	25.2%
黑色金属冶炼和压延加工业	7.9	30.9%
有色金属冶炼和压延加工业	6.4	26.1%
金属制品业	11.8	24.5%
通用设备制造业	21.8	30.2%
专用设备制造业	19.4	33.6%
汽车制造业	26.0	34.5%
铁路、船舶、航空航天和其他运输设备制造业	8.9	40.8%
电气机械和器材制造业	30.6	29.6%
计算机、通信和其他电子设备制造业	55.3	37.5%
仪器仪表制造业	7.0	37.0%
其他制造业	1.2	29.7%
金属制品、机械和设备修理业	0.4	37.3%
电力、热力生产和供应业	1.8	39.5%
燃气生产和供应业	0.3	35.9%
水的生产和供应业	0.3	38.3%

图4-6　规上工业企业各行业R&D人员全时当量与研究人员占比情况（2018年）

（数据来源：《中国科技统计年鉴》）

三、超过1/4行业R&D人员减少

从"十三五"以来规上工业企业38个行业R&D人员全时当量增长情况来看，石油和天然气开采业，化学原料和化学制品制造业，铁路、船舶、航空航天和其他运输设备制造业等10个行业的R&D人员呈负增长态势，占比超过1/4。其中，铁路、船舶、航空航天和其他运输设备制造业R&D人员平均每年减少超过7000人年。黑色金属冶炼和压延加工业、黑色金属矿采选业等20个行业的R&D研究人员呈负增长态势，在38个行业中占比超过一半。其中，黑色金属冶炼和压延加工业R&D研究人员平均每年减少超过3000人年（表4-2）。

表4-2 "十三五"以来规上工业企业各行业R&D人员与研究人员全时当量增长情况

行业	"十三五"以来（2016—2018年）年均增量/人年		"十三五"以来（2016—2018年）年均增速	
	R&D人员	R&D研究人员	R&D人员	R&D研究人员
规上工业企业合计	114 315	18 566	4.2%	2.1%
煤炭开采和洗选业	−3447	−884	−8.6%	−6.6%
石油和天然气开采业	−3074	−1304	−15.7%	−13.3%
黑色金属矿采选业	−326	−169	−10.7%	−14.9%
有色金属矿采选业	458	109	10.7%	8.6%
非金属矿采选业	183	31	5.9%	3.1%
农副食品加工业	2328	−45	5.0%	−0.3%
食品制造业	2622	200	7.7%	1.9%
酒、饮料和精制茶制造业	902	−153	4.1%	−2.2%
烟草制品业	317	77	7.6%	5.3%
纺织业	4196	−455	6.4%	−3.0%
纺织服装、服饰业	2137	43	6.1%	0.5%
皮革、毛皮、羽毛及其制品和制鞋业	1802	−165	9.2%	−4.6%
木材加工和木、竹、藤、棕、草制品业	709	−95	5.5%	−3.0%
家具制造业	4582	664	29.5%	18.1%
造纸和纸制品业	3139	−2	11.9%	0.0%
印刷和记录媒介复制业	2945	398	18.6%	11.1%
文教、工美、体育和娱乐用品制造业	4635	500	14.6%	6.8%

行业	"十三五"以来（2016—2018 年）年均增量/人年		"十三五"以来（2016—2018 年）年均增速	
	R&D人员	R&D研究人员	R&D人员	R&D研究人员
石油加工、炼焦和核燃料加工业	-630	-533	-4.1%	-9.8%
化学原料和化学制品制造业	-5053	-2294	-2.8%	-4.1%
医药制造业	-890	-146	-0.7%	-0.3%
化学纤维制造业	205	-4	1.1%	-0.1%
橡胶和塑料制品业	8475	754	10.9%	3.9%
非金属矿物制品业	8558	1164	9.8%	4.8%
黑色金属冶炼和压延加工业	-5691	-3057	-6.3%	-10.1%
有色金属冶炼和压延加工业	741	-607	1.2%	-3.4%
金属制品业	9757	1065	10.0%	4.0%
通用设备制造业	4173	-120	2.0%	-0.2%
专用设备制造业	8109	2252	4.6%	3.7%
汽车制造业	14 264	5300	6.2%	6.7%
铁路、船舶、航空航天和其他运输设备制造业	-7063	-1499	-6.9%	-3.8%
电气机械和器材制造业	11 973	1993	4.2%	2.3%
计算机、通信和其他电子设备制造业	42 012	15 471	9.0%	8.8%
仪器仪表制造业	941	379	1.4%	1.5%
其他制造业	270	-235	2.4%	-5.8%
金属制品、机械和设备修理业	-558	-142	-10.5%	-7.7%
电力、热力生产和供应业	-802	-256	-4.0%	-3.3%
燃气生产和供应业	595	224	28.9%	31.3%
水的生产和供应业	213	60	10.3%	7.2%

数据来源：《中国科技统计年鉴》。

第三节　高技术产业R&D人员状况

　　高技术产业是R&D人员较为集中的行业。2018年，我国高技术产业R&D人员全时当量为85.2万人年，约为企业R&D人员全时当量的1/4，是推动我国战略性新兴产业快速发展和从制造大国向制造强国转型升级的重要支撑力量。

一、高技术产业R&D人员快速增长

　　近年来，我国高技术产业R&D人员全时当量保持高速增长，从2010年的39.9万人年增加到2018年的85.2万人年，增加了45.3万人年。高技术产业R&D人员在企业R&D人员总量中的占比始终保持在20.0%以上，2018年占比为24.9%（图4-7）。"十二五"期间，高技术产业R&D人员全时当量年均增速为12.7%，"十三五"以来，增速有所放缓，年均增速为5.5%，下降了7.2个百分点（图4-8）。

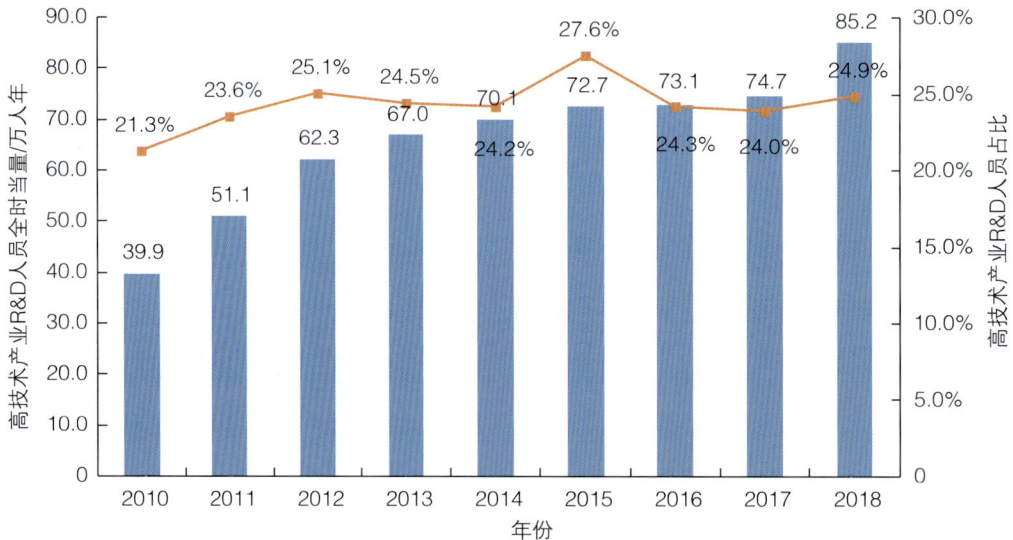

图4-7　高技术产业R&D人员全时当量与在企业R&D人员总量中的占比情况

（数据来源：《中国科技统计年鉴》）

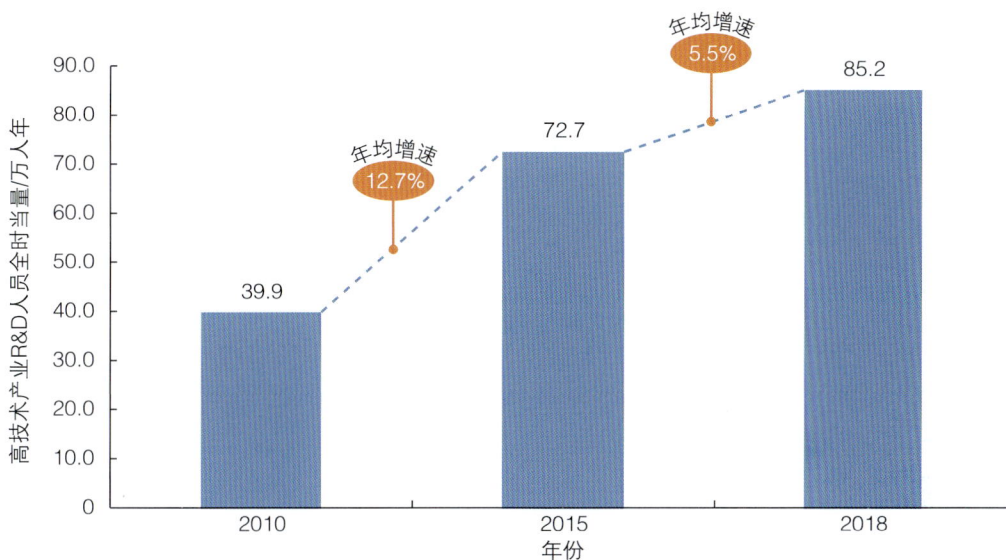

图4-8　高技术产业R&D人员全时当量与增长情况

（数据来源：《中国科技统计年鉴》）

二、电子设备制造业R&D人员占比超过六成

高技术产业中95%以上的R&D人员集中在医药制造业、电子及通信设备制造业、计算机及办公设备制造业、医疗仪器设备及仪器仪表制造业和信息化学品制造业。其中，电子及通信设备制造业R&D人员最多，2018年全时当量为53.2万人年，占比超过60.0%。2018年，除信息化学品制造业R&D人员全时当量有所减少之外，其他4类高技术产业R&D人员全时当量均有不同程度的增加，电子及通信设备制造业R&D人员增量显著，增长了22.0%（图4-9）。

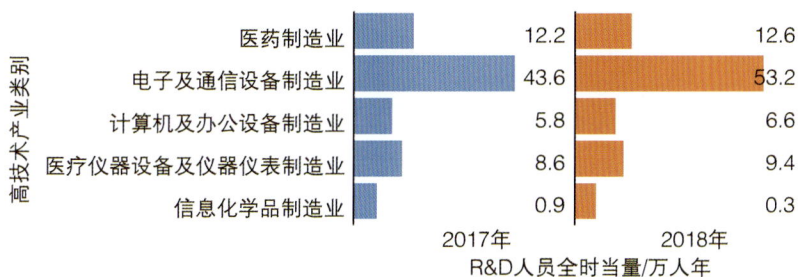

图4-9　高技术产业五大主要行业的R&D人员全时当量（2017—2018年）

（数据来源：《中国科技统计年鉴》）

中国科技人才状况调查报告2019

高层次科技人才和创新团队

第五章

在持续发展壮大科技人才队伍的同时，我国始终把优化科技人才队伍结构、提高科技人才素质作为重点，通过多种方式与途径培养高层次科技人才和创新团队，提升整个科技人才队伍的创新能力。

第一节　院士队伍状况

中国科学院院士和中国工程院院士（"两院"院士）是国家设立的科学技术和工程科学技术方面的最高学术荣誉称号，是从全国最优秀的科技专家中选出的，每两年增选一次，均为在科学技术或工程科学技术领域做出重大、创造性的成就与贡献的高层次科技专家。近年来，我国"两院"院士队伍稳步壮大，在推动国家科技进步和重点学科发展、为国家科学技术发展规划计划和重大科学技术决策提供咨询、培养和带动科技人才梯队等方面发挥了重要作用，是国家科技人才队伍中不可或缺的战略科技人才力量。

一、中国科学院院士近800人

2018年，中国科学院院士总人数为785人，较2017年减少15人。从各学部院士人数来看，数学物理学部院士为150人，较2017年减少4人；生命科学和医学学部院士为149人，较2017年减少1人；技术科学部院士为137人，较2017年减少4人；地学部院士为128人，较2017年减少4人；化学部院士为127人，较2017年减少1人；信息技术科学部院士为94人，较2017年减少1人（图5-1）。

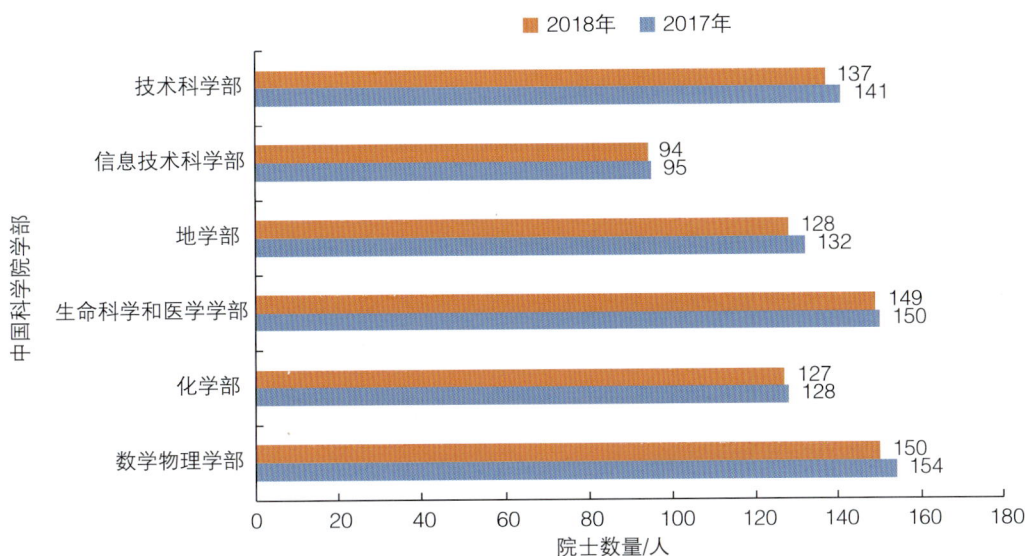

图5-1 中国科学院各学部院士数量

（数据来源：《中国科技统计年鉴》）

二、中国工程院院士超过800人

2018年，中国工程院院士总人数为853人，较2017年减少16人。从各学部院士人数来看，机械与运载工程学部、信息与电子工程学部院士均为122人，较2017年分别减少2人和3人；医药与卫生学部、能源与矿业工程学部院士均为117人，较2017年分别减少3人和1人；化工、冶金与材料工程学部院士为106人，较2017年减少3人；土木、水利与建筑工程学部院士为104人，较2017年减少4人；农业学部院士为77人，环境与轻纺工程学部院士为55人，工程管理学部院士为33人，均与2017年持平（图5-2）。

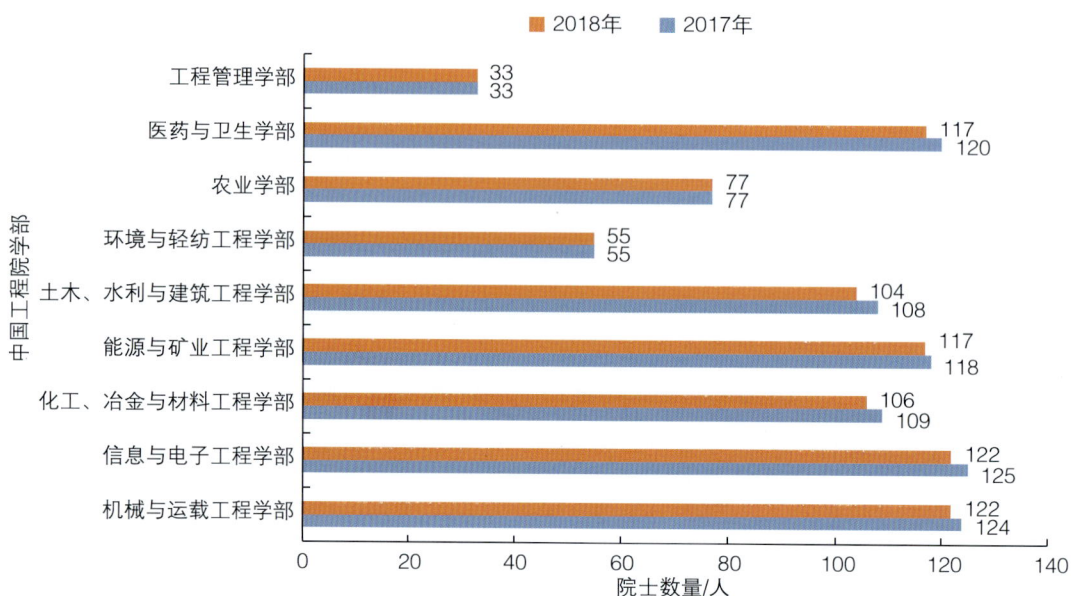

图5-2　中国工程院各学部院士数量

（数据来源：《中国科技统计年鉴》）

第二节　国家重点实验室人才队伍状况

国家重点实验室作为国家科学与工程研究类科技创新基地，是国家创新体系的重要组成部分，定位于瞄准国际前沿和聚焦国家战略目标，围绕重大科学前沿、重大科技任务和大科学工程，开展战略性、前瞻性、基础性科技创新活动，增强国家科技创新储备和原始创新能力。截至2018年年底，我国正在运行的国家重点实验室达到501个，在推动我国前沿科学、基础科学、工程科学等基础研究和应用基础研究领域实现跨越式发展中发挥了重要作用。

国家重点实验室为各层次科技人才提供了良好的事业发展平台，吸引和凝聚了国内外优秀科技人才，造就了一批科技领军人才，培养了一大批优秀青年科技人才快速成长，形成了人才聚集高地，成为推动国家原始创新能力和国际竞争能力快速提升的重要战略科技力量。

一、国家重点实验室科研"国家队"力量稳步壮大

近年来，我国加快在重点学科领域建设国家重点实验室。2005年学科类国家重点实验室有179个，2018年学科类国家重点实验室已达到254个，增长了41.9%。国家重点实验室集聚了一大批固定人员从事科研活动，2018年学科类国家重点实验室固定人员数量达到22 951人，是2005年的2.7倍。重点学科领域科研"国家队"力量明显增强，培养的研究生数量超过3万人（图5-3）。

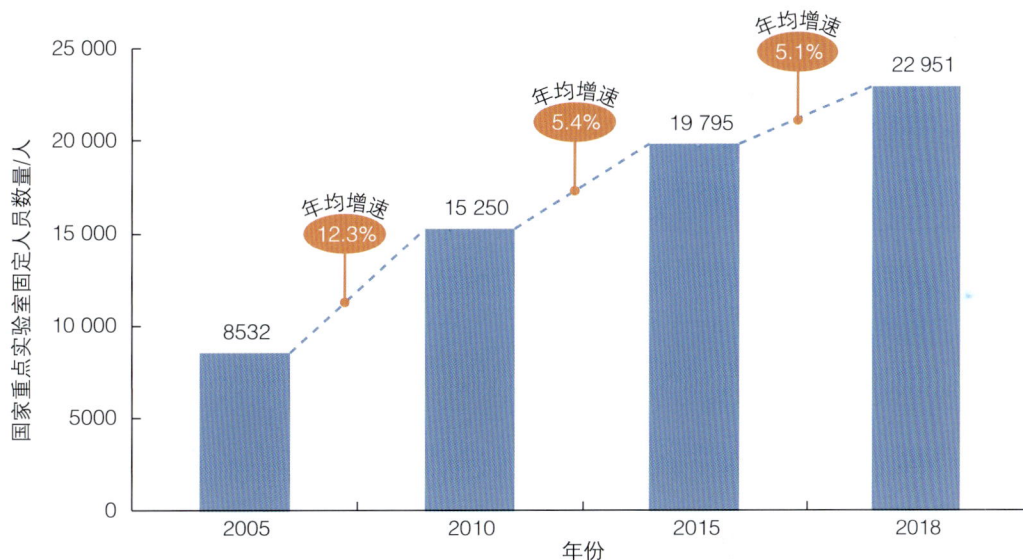

图5-3　学科类国家重点实验室固定人员数量与增长情况

（数据来源：《中国科技统计年鉴》）

从历年增长情况看，"十一五"期间，学科类国家重点实验室固定人员保持两位数高速增长；"十二五"以来，固定人员增速有所下降，一直保持在5.0%～6.0%，比"十一五"期间下降了约7个百分点。

二、国家重点实验室集聚人才效应明显

国家重点实验室用人机制比较灵活，既有学术带头人、科研骨干、管理人员等固定人员，也有访问学者、博士后研究人员等流动人员，多元化、多层次的科技人才队伍结构有效促进了科技交流与合作，同时也有利于国家科研队伍的稳定性和创新活力。

近年来，学科类国家重点实验室客座人员数量实现了大幅增长，2018年达到13 974人，是2005年的4.3倍，远超过固定人员数量增长率。

从历年增长情况看，"十一五"期间，学科类国家重点实验室客座人员增长较快，年均增速保持两位数高速增长，达到16.0%；"十二五"期间，实验室客座人员增速有所下降，年均增速为5.9%，比上个5年下降了约10个百分点；"十三五"以来，增速又有较大幅回升，年均增速达到15.8%，比实验室固定人员增速高10余个百分点（图5-4）。

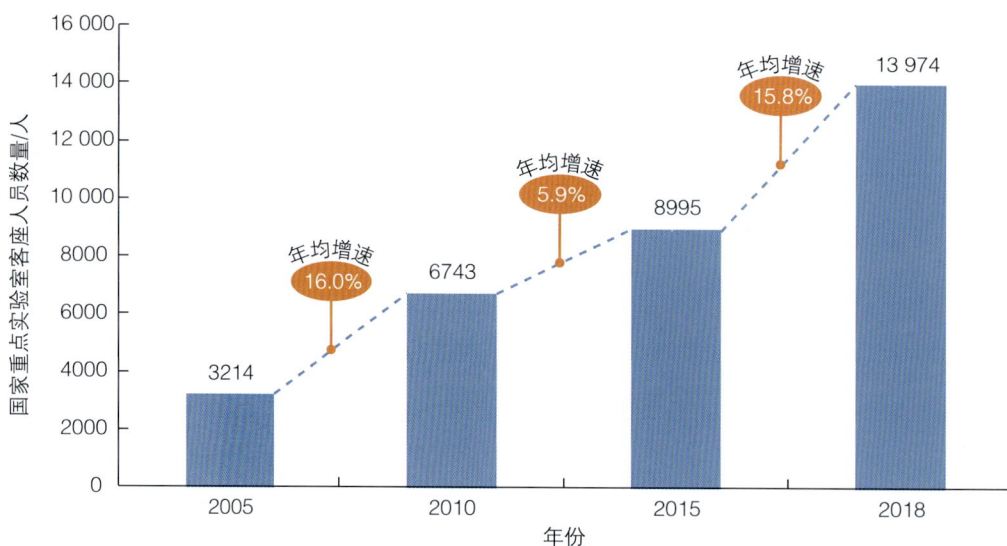

图5-4 学科类国家重点实验室客座人员数量与增长情况

（数据来源：《中国科技统计年鉴》）

第三节　国家科技计划人才培养情况

近年来，我国不断深化中央财政科技计划管理改革，确立了包含国家自然科学基金、国家科技重大专项、国家重点研发计划、技术创新引导专项（基金）、基地和人才专项的新五类科技计划。国家科技计划既是人才培养的重要载体，也发挥了显著的聚人育人作用，吸引集聚了越来越多的科技人才和创新团队服务国家重大科研任务。

人才计划与工程是培养、支持和凝聚人才的重要抓手。《国家中长期人才发展规划纲要（2010—2020年）》启动实施了12项重大人才工程，面向国际、国内两种人才资源，在中央人才工作协调小组的指导下，经过近10年的实践和发展完善，有关部门和行业在各自领域、行业内组织实施了针对高层次创新人才培养支持的科技人才计划，发现、培养、输送了一大批高层次科技人才和创新团队，显著提升了我国科技人才队伍整体水平和创新能力，在我国创新驱动发展实践中起到了重要的示范引领带动作用。

国家自然科学基金和国家重点研发计划是国家主要科技计划中资助金额最多的两项，2017年，国家自然科学基金资助各类项目金额达298.7亿元，国家重点研发计划资助各类项目金额达198.8亿元，培养凝聚了一大批科技人才参与国家科技计划，为国家科技创新事业发展贡献了智慧和力量。

一、国家自然科学基金助力青年科技人才队伍稳步壮大

国家自然科学基金资助基础研究和科学前沿探索，支持人才和团队建设，增强源头创新能力，向国家重点研究领域输送创新知识和人才团队。通过青年科学基金、优秀青年科学基金、国家杰出青年基金等多种项目类型，支持广大青年科研人员开展自由探索。2018年，国家自然科学基金共批准资助44 504项，批准资助金额达307.0亿元。其中，青年科学基金项目17 671项，优秀青年科学基金项目400项，国家杰出青年

基金项目199项，一大批优秀青年科研人员在国家自然科学基金的资助下实现快速成长（表5-1）。

表5-1 国家自然科学基金资助情况

项目		2017年	2018年
批准资助项数/项		43 935	44 504
批准资助金额/万元		2 986 650.3	3 070 334.2
其中：			
批准资助项数/项	青年科学基金	17 523	17 671
	优秀青年科学基金	399	400
	国家杰出青年科学基金	198	199
批准资助金额/万元	青年科学基金	476 317.5	497 589.2
	优秀青年科学基金	59 850.0	60 000.0
	国家杰出青年科学基金	77 640.0	78 040.0

数据来源：《国家自然科学基金委员会年度报告》，http://www.nsfc.gov.cn。

国家自然科学基金人才培养效果显著。2018年，国家自然科学基金各类项目共计培养博士后、博士、硕士等各类人才98 526人，其中，博士后人员2649人，博士28 535人，硕士67 342人（图5-5）。

青年科学基金项目是国家自然科学基金各类项目中资助规模较大、培养人才较多的项目。2018年，共有11.4万人参与了青年科学基金项目，其中，具有高级职称的高级科研人员有14 043人，占比为12.3%；具有中级职称的科研人员超过3万人，占比近30.0%；博士后人员有4000余名；参与项目的硕士生和博士生有5万余人，占比近一半。青年科学基金发挥量大面广的优势，带动了各层次青年人才加快成长（图5-6）。

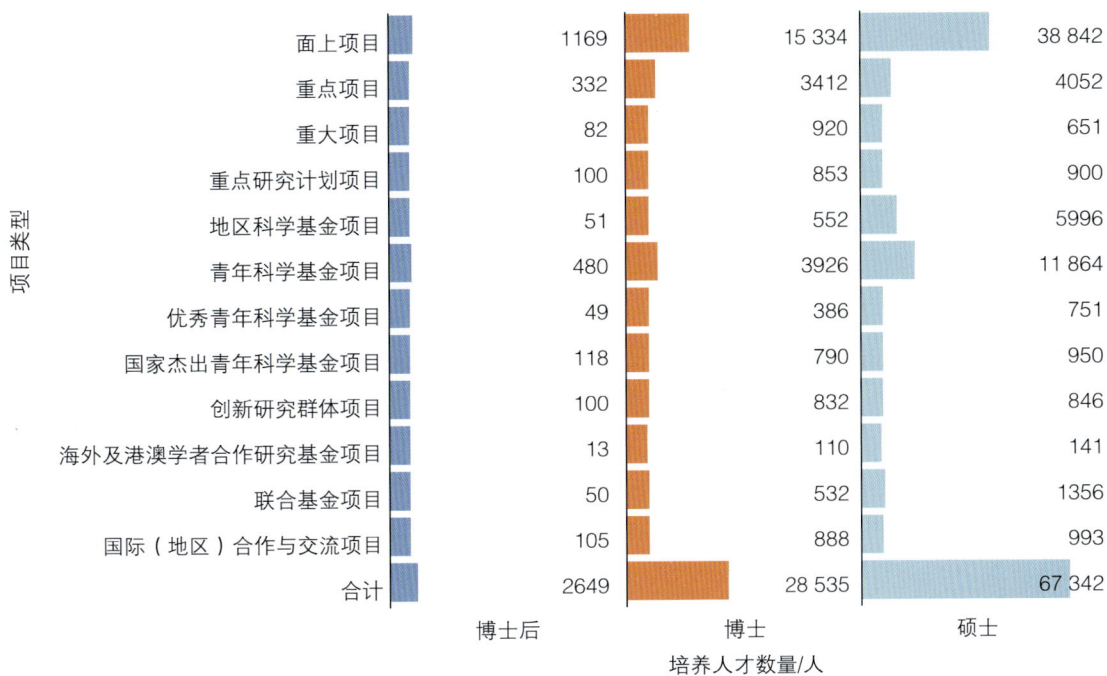

图5-5 国家自然科学基金资助项目人才培养情况（2018年）

（数据来源：《国家自然科学基金委员会年度报告》，http：//www.nsfc.gov.cn）

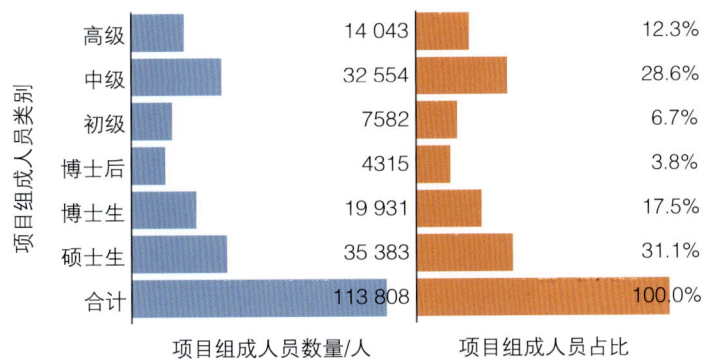

图5-6 青年科学基金项目组成人员与分布（2018年）

（数据来源：《国家自然科学基金委员会年度报告》，http：//www.nsfc.gov.cn）

二、国家重点研发计划带动中青年人才和创新团队成长

新五类科技计划中，国家重点研发计划是在优化整合科技部管理的国家重点基础研究发展计划（973计划）、国家高技术研究发展计划（863计划）、国家科技支撑计划、国际科技合作与交流专项，发展改革委、工业和信息化部管理的产业技术研究与开发资金，以及有关部门管理的公益性行业科研专项等基础上设立的。国家重点研发计划主要针对事关国计民生的重大社会公益性研究，以及事关产业核心竞争力、整体自主创新能力和国家安全的重大科学技术问题，突破国民经济和社会发展主要领域的技术瓶颈。自国家重点研发计划实施以来，人才集聚优势和协同攻关效应明显，为优秀中青年科技人才和科技领军人才开展高水平科研工作、组建高效创新团队等创造了有利条件。

截至2017年，国家重点研发计划共安排项目2478项，其中2017年新立项1310项。从2017年新立项项目负责人的年龄分布来看，有136名40岁及以下的青年人才成为国家重点研发计划项目负责人，占比超过10.0%；有433名40~50岁中青年人才担任项目负责人，占比近1/3（图5-7）。

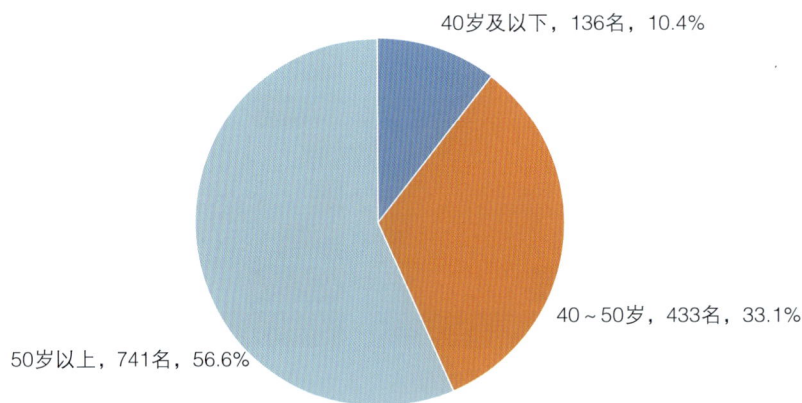

40岁及以下，136名，10.4%

40~50岁，433名，33.1%

50岁以上，741名，56.6%

图5-7 国家重点研发计划新立项项目负责人年龄分布（2017年）

（数据来源：科技部网站，《2017年国家重点研发计划年度报告》）

国家重点研发计划吸引集聚了一大批高级研发人员开展科研联合攻关。2017年在研项目参与人员共计20.1万人，其中，具备高级职称人员占比近四成，中级职称人员

约占1/4（图5-8）；具有博士学历的参与人员占比约为1/3，具备硕士学历的参与人员占比超过三成（图5-9）。女性研发人员占比为29.4%，高于同年我国全社会女性R&D人员占比（26.8%）的平均水平。

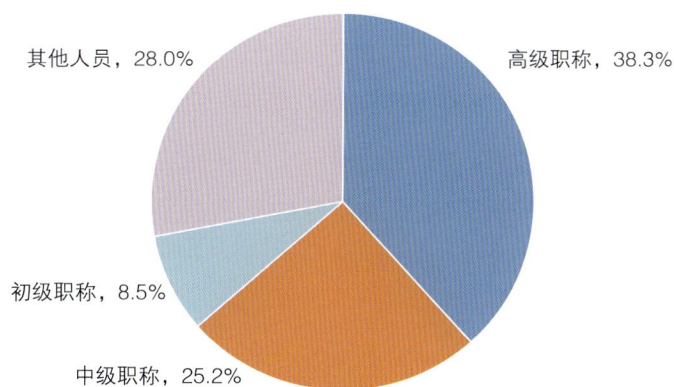

图5-8　国家重点研发计划在研项目参与人员职称分布（2017年）

（数据来源：科技部网站，《2017年国家重点研发计划年度报告》）

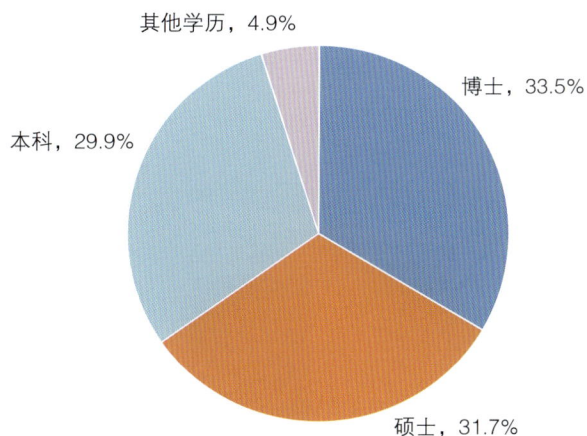

图5-9　国家重点研发计划在研项目参与人员学历分布（2017年）

（数据来源：科技部网站，《2017年国家重点研发计划年度报告》）

第四节 具有博士学历的研发人员状况

具有博士学历的研发人员一般创新思维更为活跃、研发能力相对较强，是R&D人员队伍中高级研发人员的主力军，在一定程度上对单位、行业、区域乃至国家的科技研发活动开展和科技创新水平提升起着决定性的作用。我国虽然研发人员规模总量很大，但具有博士学历的研发人员比例并不高。

一、博士学历R&D人员数量持续增长，增速放缓

近年来，我国具有博士学历的R&D人员数量持续增长，2018年为45.2万人，是2010年的2.2倍。"十二五"期间，我国博士学历R&D人员增长较快，年均增速为12.1%，"十三五"以来，增速下降了近4个百分点（图5-10）。

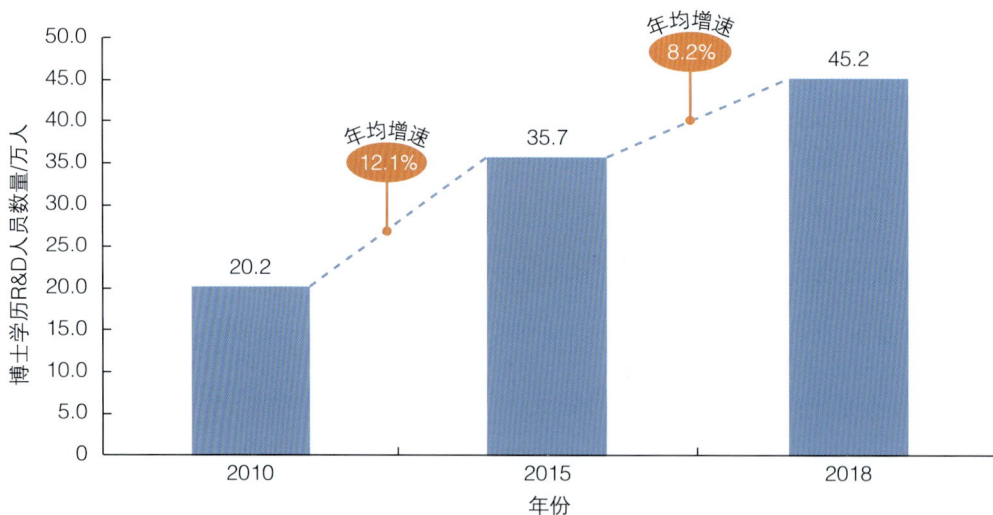

图5-10 博士学历R&D人员数量与增长情况

（数据来源：《中国科技统计年鉴》）

二、博士学历R&D人员占比不足一成

2018年我国R&D人员已经达到657.1万人的规模，其中具有博士学历的R&D人员有45.2万人，仅占全部R&D人员的6.9%，比2010年增加了1.2个百分点（图5-11）。

博士学历研发人员比例不高的现象在企业更为明显。从各类创新主体博士R&D人员所占比例来看，2010年以来，企业博士学历R&D人员占比一直徘徊在1.0%左右，2018年占比仅为0.8%。高校博士学历R&D人员占比最高，从2010年的21.7%增加到2018年的31.6%，远高于全国平均水平和其他创新主体。研发机构博士学历R&D人员所占比例从2010年的12.2%增加到2018年的18.3%，但仍不足1/5（图5-11）。

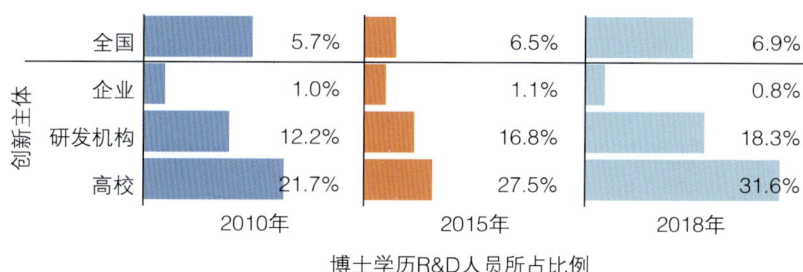

图5-11　各类创新主体博士学历R&D人员在R&D人员总量中的占比情况

（数据来源：《中国科技统计年鉴》）

三、高校博士学历R&D人员增长较快

从各类创新主体博士学历R&D人员数量增长情况来看，"十二五"期间，企业、研发机构和高校的博士学历R&D人员均保持两位数的增速，其中，高校增速最快，达到12.3%。"十三五"以来，三大创新主体的博士学历R&D人员增速均有所下降，其中，企业博士学历R&D人员降幅较大，出现负增长，平均每年减少800人；研发机构博士学历R&D人员年均增速从11.9%下降到5.0%，下降了近7个百分点；高校博士学历R&D人员增速虽然有所下降，但降幅较小，仍保持10.4%的较快增速（图5-12）。

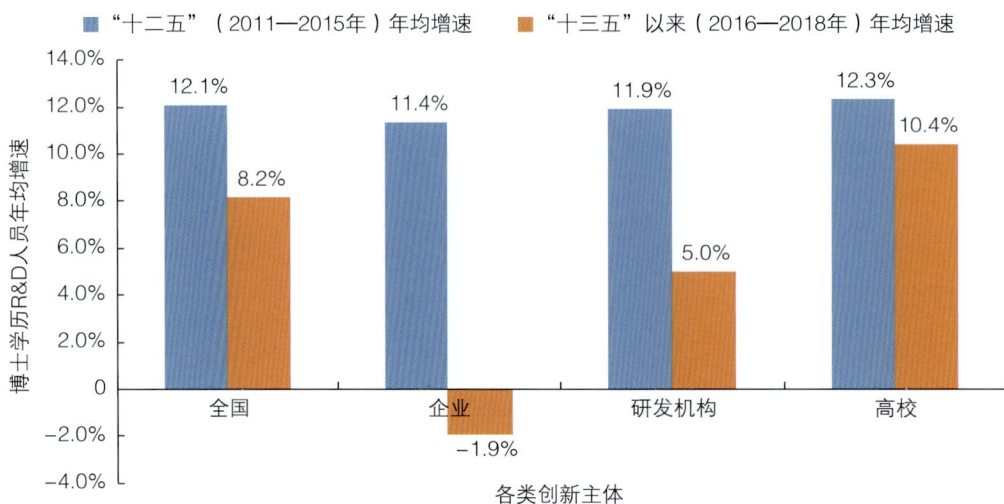

图5-12　各类创新主体博士学历R&D人员增长情况

（数据来源：《中国科技统计年鉴》）

从各类创新主体对全国博士学历R&D人员增长的贡献来看，2018年，全国博士学历R&D人员比2010年增加了25.0万人，其中，高校的贡献最大，来自高校的博士学历R&D人员增量为18.2万人，贡献率达到72.8%；来自研发机构的博士学历R&D人员增量为4.3万人，贡献率为17.2%；来自企业的博士学历R&D人员增量为1.6万人，贡献率仅为6.4%（表5-2）。

表5-2　各类创新主体对全国博士学历R&D人员增长的贡献情况

创新主体	博士学历R&D人员数量/万人			对全国博士学历R&D人员增量的贡献率
	2010年	2018年	2018年比2010年增加	
全国	20.2	45.2	25.0	—
企业	2.5	4.1	1.6	6.4%
研发机构	4.2	8.5	4.3	17.2%
高校	12.9	31.1	18.2	72.8%

数据来源：《中国科技统计年鉴》。

第五节　博士后研究人员队伍状况

博士后制度设立的初衷是资助优秀青年学者从事科学研究，打造高层次创新人才储备库，其突出特点是将人才培养与人才使用相结合，在使用中培养人才，在培养和使用中发现具有较强创新潜力和创新能力的优秀人才。同时，博士后人才培养模式还突破了传统人事管理方面的限制，实现了人才在不同地域、不同所有制单位、不同科研领域的有序流动，促进了人才合理流动，也为青年人才提供更多可供选择的成长环境与机会。美国等主要发达国家把面向世界广招博士后作为重要人才战略，规模宏大的博士后人员队伍成为其推进国家科技创新的一支重要力量。

我国博士后制度实行30余年来，在高校、科研院所、事业单位及企业等各类创新主体设立的博士后科研流动站或工作站，覆盖了大部分学科专业和国民经济多数行业领域。我国博士后人才队伍不断发展壮大，1985—2019年，已累计招收博士后研究人员超过20万人，培养了一支高素质的博士后人才队伍，在国家重大科技任务实施、重点学科建设及促进产学研结合和提升企业技术创新能力等方面做出了重要贡献。

一、进站博士后人员数量快速增长

随着博士后制度的不断完善和发展，我国越来越多的青年科研人员进入博士后科研流动站或工作站。近年来，我国进站博士后人员数量保持快速增长，2019年达到25 514人，是2005年的4.3倍。从历年增长情况看，"十一五"期间，进站博士后人员数量快速增长，保持12.2%的速度高速增长；"十二五"期间，增速有所下降，但降幅不大，下降了不到3个百分点；"十三五"以来，进站博士后人员增速又有所回升，年均增速达到了11.2%（图5-13）。

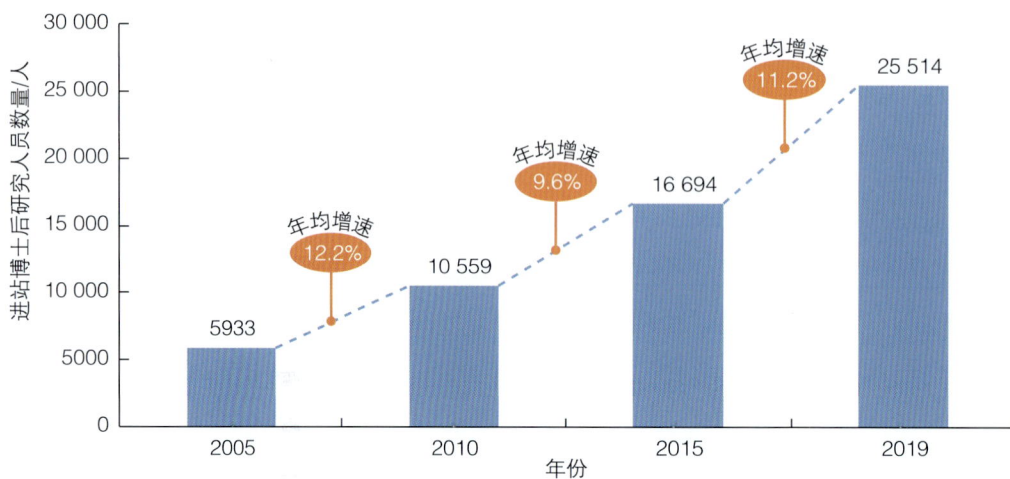

图5-13　全国进站博士后研究人员数量与增长情况

（数据来源：中国博士后网站，http://www.chinapostdoctor.org.cn）

二、出站博士后研究人员不断充实科技人才队伍

博士后科研流动站和工作站培养输送了一批又一批积累了丰富科研工作经验的博士后科研人员，我国博士后研究人员出站人数持续增加，近年来一直保持快速增长。2019年我国博士后研究人员出站人数为1.4万人，是2005年出站人数的近4倍。从历年增长情况来看，"十一五"期间，博士后研究人员出站人数保持11.1%的两位数高速增长；"十二五"期间，增速有所下降，但降幅不大，下降了约2个百分点；"十三五"以来，博士后人员出站人数增速又有所回升，年均增速达到11.1%（图5-14）。

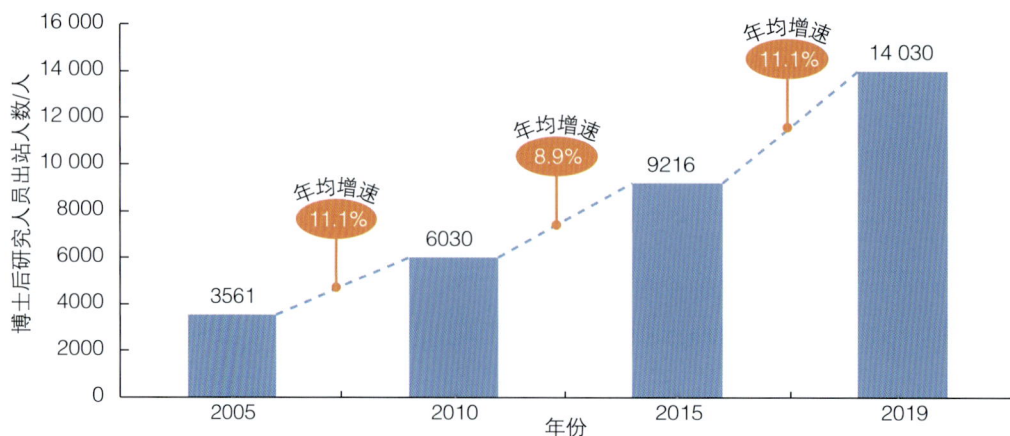

图5-14　全国博士后研究人员出站人数与增长情况

（数据来源：中国博士后网站，http://www.chinapostdoctor.org.cn）

中国科技人才状况调查报告2019

女性研发人员

第六章

状况

女性研发人员是科技人才队伍中的一支重要力量，部分国家研发人员队伍中女性占据了"半边天"。中国历来重视和发挥女性科技人才的作用，越来越多的女性科研人员投入科技研发活动。

第一节　女性受教育状况

一、女性受教育程度持续提高，占比超过一半

女性受教育程度的提高为女性研发人员的成长提供了基础和保障。2005年本科及以上毕业生（165.6万人）中，女性毕业生人数为70.5万人，占比为42.6%。2013年女性本科及以上毕业生数量首次超过男性毕业生，之后数量持续增长，2018年女性毕业生占到本科及以上毕业生总数（447.2万人）的54.4%，比2005年提高近12个百分点。"十三五"以来，本科及以上女性毕业生人数年均增速为4.0%，较"十二五"和"十一五"期间减缓（图6-1）。

图6-1　本科及以上女性毕业生数量与增长情况

（数据来源：教育部网站，教育统计数据）

二、博士女性毕业生增长缓慢

从不同学历女性毕业生数量来看，2018年，本科女性毕业生人数为211.5万人，是2005年的3.4倍；硕士女性毕业生人数为29.5万人，是2005年的4.5倍；博士女性毕业生人数为2.4万人，是2005年的2.7倍。

从各学历女性毕业生数量占毕业生人数的比重来看，本科女性毕业生占比最高，2018年达到54.7%，比2005年增加了11.6个百分点；2018年硕士女性毕业生占比为54.3%，比2005年增加了14.2个百分点；博士女性毕业生占比波动上升，2018年为39.3%，比2005年增加了7.2个百分点（图6-2）。

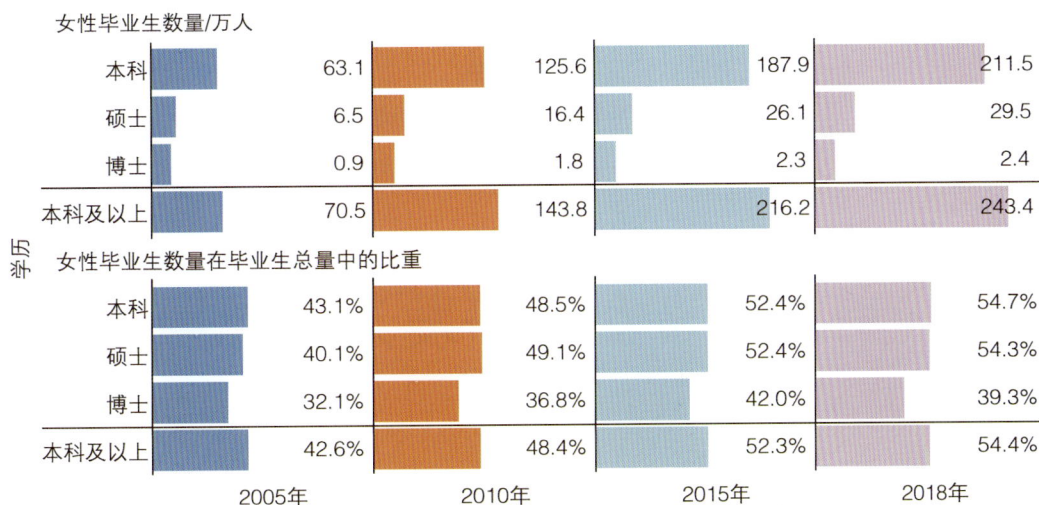

图6-2　不同学历女性毕业生数量与所占比重情况

（数据来源：教育部网站，《教育统计数据》）

从不同学历女性毕业生人数增长情况来看，硕士女性毕业生数量增长较快。"十一五"期间，各学历女性毕业生数量均保持高速增长，硕士女性毕业生数量年均增速高达20.4%，本科和博士女性毕业生数量增长也达到了14.7%和15.1%。"十二五"以来，各学历女性毕业生数量增速均有所下降，"十三五"期间，本科、硕士学历女性毕业生年均增速保持在4.0%左右的水平，博士学历女性毕业生年均增速仅为1.9%（图6-3）。

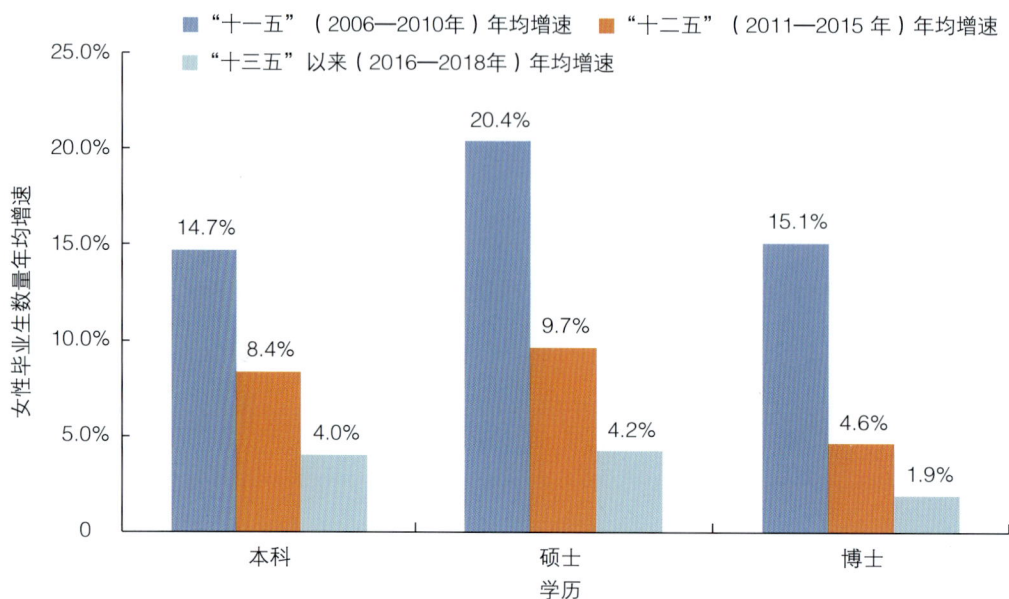

图6-3 不同学历女性毕业生数量增长情况

（数据来源：教育部网站，教育统计数据）

第二节 女性研发人员总量

一、女性R&D人员数量持续增长，占比超过1/4

近年来，我国女性R&D人员数量持续增长，2018年为176.0万人，是2010年的近2倍。"十二五"期间，我国女性R&D人员在R&D人员总量中的占比在1/4上下浮动；"十三五"以来，我国女性R&D人员占比有明显提高，2018年达到26.8%（图6-4）。

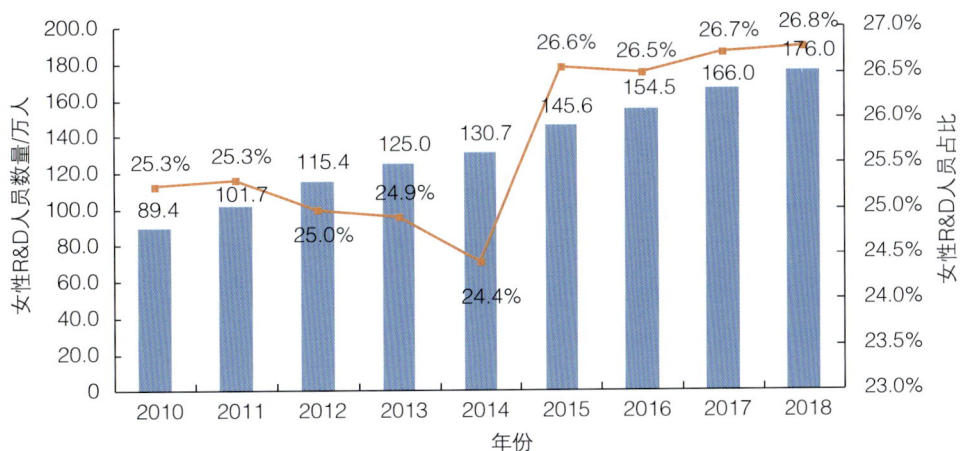

图6-4 女性R&D人员数量与在R&D人员总量中的占比情况

（数据来源：《中国科技统计年鉴》）

二、女性R&D人员增速比男性快

从我国女性R&D人员数量历年增长情况来看，"十二五"期间，女性R&D人员数量增长较快，年均增速超过了10.0%。"十三五"以来，女性R&D人员增长了30.4万人，年均增速为6.5%，较"十二五"期间下降了3.7个百分点。总体来看，男性R&D人员增速比女性要慢，"十二五"期间，男性R&D人员年均增速为8.7%，比女性R&D人员增速慢1.5个百分点；"十三五"以来，男性R&D人员年均增速为6.1%，比女性R&D人员增速慢0.4个百分点（图6-5）。

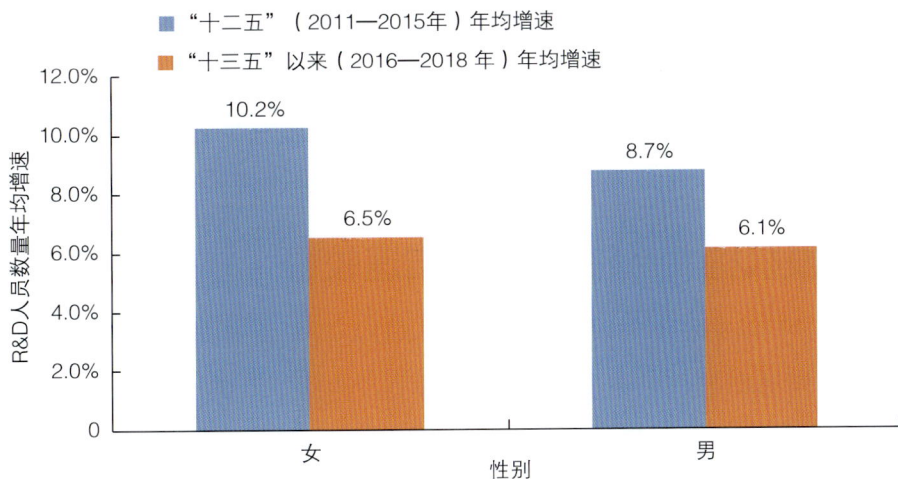

图6-5 女性R&D人员与男性R&D人员增长情况比较

（数据来源：《中国科技统计年鉴》）

第三节　各类创新主体女性R&D人员状况

由于企业、研发机构、高校等不同创新主体从事的研发活动领域、人事制度、科研管理等方面存在较大差异，女性R&D人员活动情况也有明显不同，高校更受女性研发人员青睐。

一、高校女性R&D人员占比最高，已超2/5

从不同类型创新主体的R&D人员性别比例来看，2018年女性R&D人员在高校占比最高，企业女性R&D人员比重最低。2010年，高校R&D人员中女性占比为35.2%，近年来女性占比持续增长，截至2018年，高校女性R&D人员占比已达到43.5%，比同期企业女性R&D人员占比高21.2个百分点，比研发机构女性R&D人员占比高10.1个百分点。2010年以来，企业和研发机构中的女性R&D人员占比也有所提高，但总体来看所占比重增加不多，均为1~2个百分点（图6-6）。

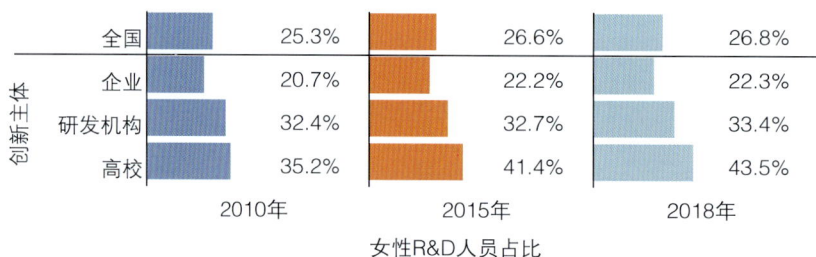

图6-6　各类创新主体的女性R&D人员占比情况

（数据来源：《中国科技统计年鉴》）

二、研发机构女性R&D人员增速较慢

从"十三五"以来各类创新主体的女性R&D人员增长情况来看，企业和高校女性R&D人员年均增速均超过全国6.5%的平均水平，达到了7.0%以上；企业平均每年增加女性R&D人员6.7万人，高校平均每年增加女性R&D人员2.7万人。研发机构女性R&D人员增长则较为缓慢，年均增速仅为2.8%，平均每年增加女性R&D人员4180人（图6-7）。

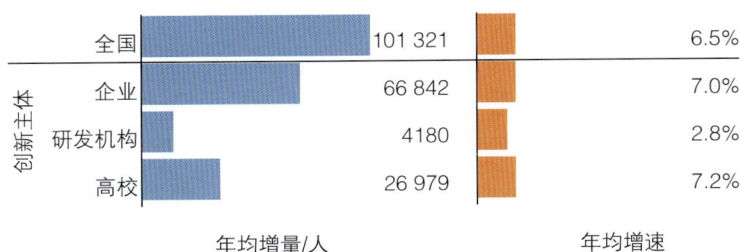

图6-7 "十三五"以来各类创新主体的女性R&D人员增长情况

（数据来源：《中国科技统计年鉴》）

第四节 各行业女性R&D人员状况

一、超六成女性R&D人员集中在企业

2018年，我国女性R&D人员共有176.0万人，其中，109.2万人集中在企业，占到全部女性R&D人员的62.0%。规上工业企业有女性R&D人员95.1万人，占到所有企业女性R&D人员数量的近九成（图6-8）。

图6-8 企业女性R&D人员数量分布情况（2018年）

（数据来源：《中国科技统计年鉴》）

二、女性R&D人员分布具有较为明显的行业特征

女性R&D人员分布在各行各业，发挥着越来越重要的作用。从女性R&D人员在各行业的分布来看，女性R&D人员主要集中在计算机、通信和其他电子设备制造业，电气机械和器材制造业，医药制造业等行业（图6-9）。

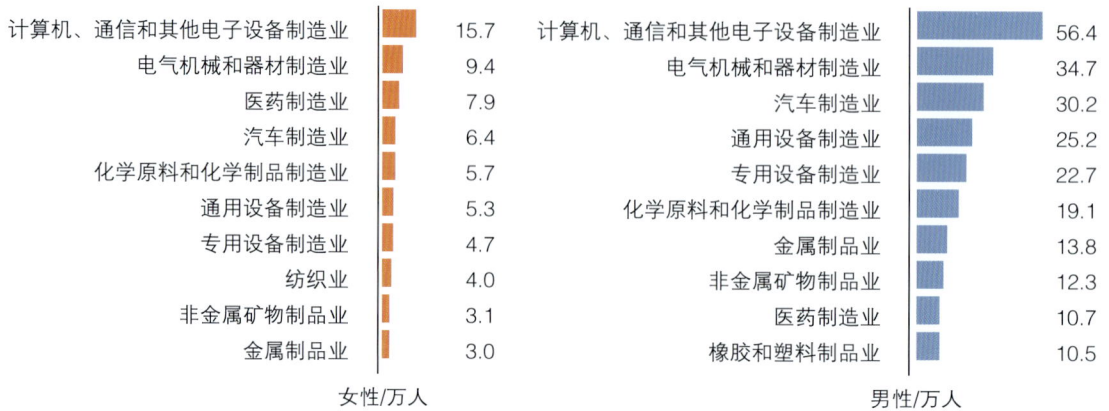

女性/万人		男性/万人	
计算机、通信和其他电子设备制造业	15.7	计算机、通信和其他电子设备制造业	56.4
电气机械和器材制造业	9.4	电气机械和器材制造业	34.7
医药制造业	7.9	汽车制造业	30.2
汽车制造业	6.4	通用设备制造业	25.2
化学原料和化学制品制造业	5.7	专用设备制造业	22.7
通用设备制造业	5.3	化学原料和化学制品制造业	19.1
专用设备制造业	4.7	金属制品业	13.8
纺织业	4.0	非金属矿物制品业	12.3
非金属矿物制品业	3.1	医药制造业	10.7
金属制品业	3.0	橡胶和塑料制品业	10.5

图6-9 规上工业企业女性R&D人数排名前10位的行业（2018年）

（数据来源：《中国科技统计年鉴》）

从各行业中女性R&D人员比例来看，女性R&D人员分布具有明显的行业特征。2018年，女性R&D人员比重排名前10位的行业集中在纺织服装、服饰，医药制造等行业。各行业女性R&D人员占比也存在较大差距，纺织服装、服饰行业女性R&D人员占到该行业R&D人员总量的近一半，印刷和记录媒介复制业女性R&D人员占比仅为该行业R&D人员总数的1/4左右。男性R&D人员占比排名前10位的行业则集中在煤炭开采和洗选业、金属制品、有色金属矿采选等行业，占比最高达到90.0%以上（图6-10）。

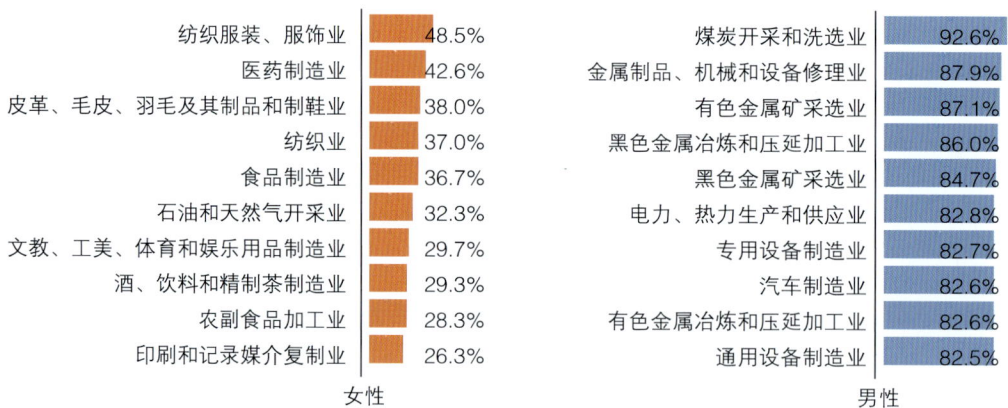

女性		男性	
纺织服装、服饰业	48.5%	煤炭开采和洗选业	92.6%
医药制造业	42.6%	金属制品、机械和设备修理业	87.9%
皮革、毛皮、羽毛及其制品和制鞋业	38.0%	有色金属矿采选业	87.1%
纺织业	37.0%	黑色金属冶炼和压延加工业	86.0%
食品制造业	36.7%	黑色金属矿采选业	84.7%
石油和天然气开采业	32.3%	电力、热力生产和供应业	82.8%
文教、工美、体育和娱乐用品制造业	29.7%	专用设备制造业	82.7%
酒、饮料和精制茶制造业	29.3%	汽车制造业	82.6%
农副食品加工业	28.3%	有色金属冶炼和压延加工业	82.6%
印刷和记录媒介复制业	26.3%	通用设备制造业	82.5%

图6-10 规上工业企业女性R&D人员占比排名前10位的行业（2018年）

（数据来源：《中国科技统计年鉴》）

中国科技人才状况调查报告2019

科技人才国际

第七章

合作交流状况

习近平总书记强调"要坚持以全球视野谋划和推动科技创新，全方位加强国际科技创新合作，积极主动融入全球科技创新网络"。近几年，我国经济平稳增长，成为世界第二大经济体，教育和科技投入不断加大，创新创业生态环境不断完善，国际科技合作交流越来越频繁，近者悦、远者来的人才磁场效应逐渐显现，吸引和凝聚了一大批海外优秀人才参与到我国经济社会建设和科技创新事业发展中来。

第一节　出国留学与学成回国人员状况

近年来，越来越多的出国留学人员选择回国创新创业，成为我国科技人才队伍中的一支重要力量。

一、出国留学人员数量增长放缓

从我国出国留学人员情况来看，2018年出国留学人员数量为66.2万人，是2005年的5.6倍。"十一五"以来，我国出国留学人员累计超过了490万人。"十一五"期间，出国留学人员保持快速增长，年均增速为19.0%；"十二五"期间，增速有所下降，但仍保持13.0%的两位数增速；"十三五"以来，出国留学人员增长放缓，年均增速为8.1%（图7-1）。

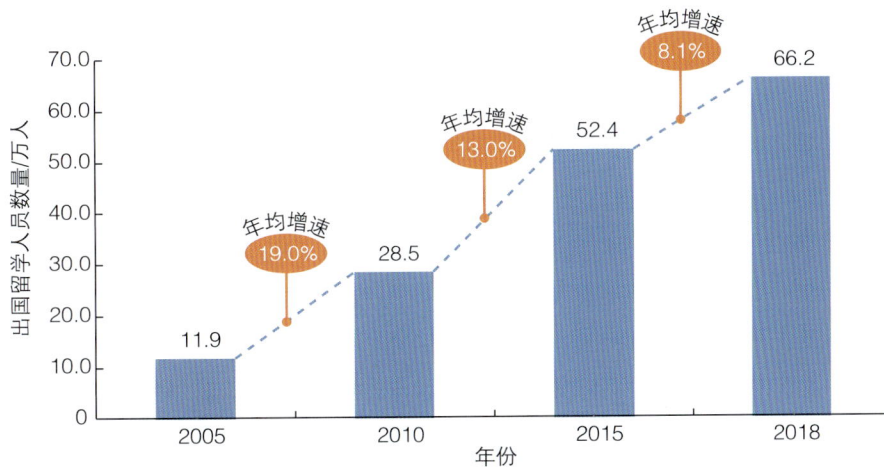

图7-1 中国出国留学人员数量与增长情况

(数据来源:《中国统计年鉴》)

二、学成回国人员数量激增

从我国出国留学人员中学成回国人员情况来看,2018年学成回国人员数量为51.9万人,是2005年的14.8倍。"十一五"以来,我国学成回国人员累计超过了340万人。"十一五"期间,学成回国人员保持高速增长,年均增速超过了30.0%;"十二五"期间,增速有所下降,但仍保持24.9%的年均增速;"十三五"以来,学成回国人员增长放缓,年均增速为8.3%(图7-2)。

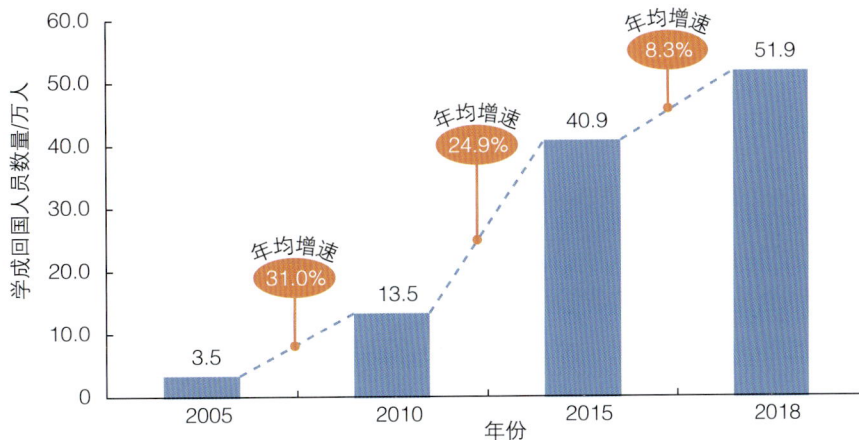

图7-2 中国学成回国人员数量与增长情况

(数据来源:《中国统计年鉴》)

从学成回国人员与出国留学人员的比例来看，2006年，我国学成回国人员数量与出国留学人员数量的比例仅为31.3%，2011年，这一比例首次超过一半，且近几年增幅不断加大，2018年已达到78.5%，我国对出国留学人员的吸引力不断增强（图7-3）。

图7-3　中国学成回国人员与出国留学人员数量比较

（数据来源：《中国统计年鉴》）

第二节　科技人才参加国际科技合作项目状况

在开放的环境中加强科技创新交流与合作，是科技创新事业发展的加速剂，也是开拓科技人才视野、促进科技人才快速成长的有效途径。近年来，随着我国科技创新对外开放合作的快速发展，科技人才参与国际科技合作项目的机会和人数也越来越多，在推动我国科技创新及国家发展不断靠近国际舞台中央的历史进程中发挥着重要作用。

一、出国国际科技合作项目参与人数大幅增长

近年来，我国参与出国国际科技合作项目的人数实现大幅增长，2018年达到250 419人次，是2005年的4.6倍。"十一五"期间，我国参与出国国际科技合作项目人数保持13.9%的快速增长；"十二五"期间，增速有所下降，年均增速为5.4%，比上个五年下降了8.5个百分点；"十三五"以来，增速又有所回升，年均增速高达22.7%（图7-4）。

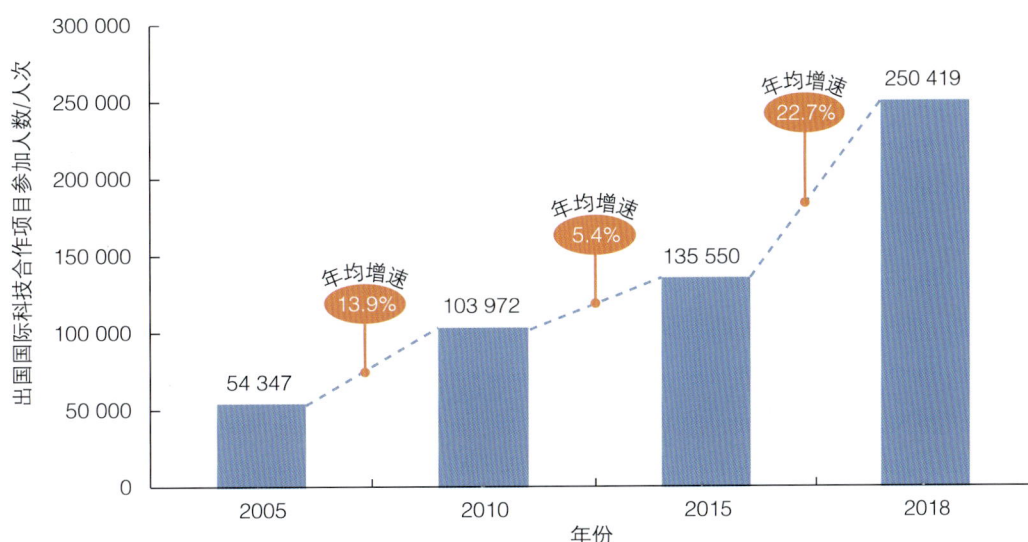

图7-4 出国国际科技合作项目参加人数与增长情况

（数据来源：《中国科技统计年鉴》）

按照出国国际科技合作项目的类型来看，2005年参与考察访问的人数最多，占比超过了四成。2010年以来，参与国际会议的人数最多，占比一直在1/3以上；参与考察访问的人员占比大幅下降，2018年占比为16.6%；参与合作研究的人员占比有所提升，从2005年的9.0%上升至2018年的14.0%（图7-5）。

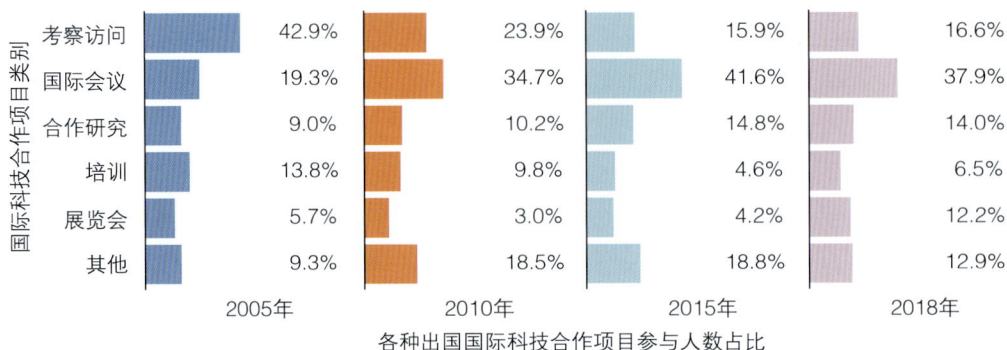

图7-5　出国国际科技合作项目按类别参加人员分布情况

（数据来源：《中国科技统计年鉴》）

二、来华国际科技合作项目参与人数快速增长

近年来，参与来华国际科技合作项目的人数实现大幅增长，2018年达到257 937人次，是2005年的3.6倍。"十一五"期间，参与来华国际科技合作项目人数保持10.9%的快速增长；"十二五"期间，增速有所下降，且出现负增长情况，比上个五年下降了12.3个百分点；"十三五"以来，增速大幅回升，年均增速高达32.6%，比参与出国国际科技合作项目人员年均增速高出近10个百分点（图7-6）。

图7-6　来华国际科技合作项目参加人数与增长情况

（数据来源：《中国科技统计年鉴》）

按照来华国际科技合作项目的类型来看，参与国际会议的人数较多，2005年占比超过了四成，2010年以来占比一直在三成以上。参与培训和展览会的人员占比均有提升，2018年比2005年提高了3~5个百分点（图7-7）。

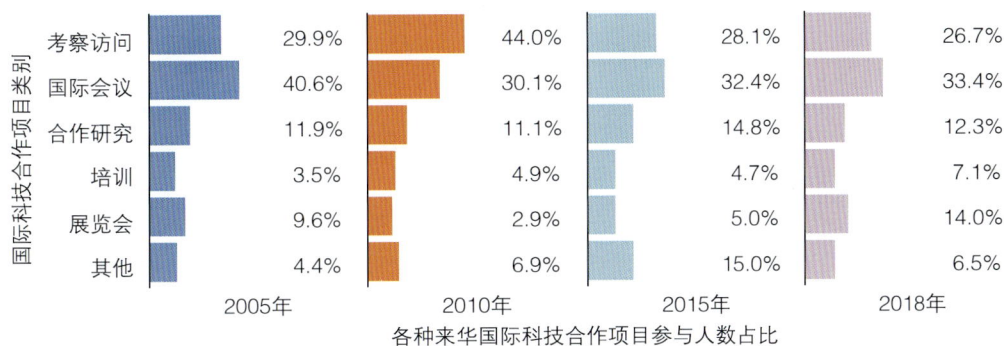

图7-7 来华国际科技合作项目按类别参加人员分布情况

（数据来源：《中国科技统计年鉴》）

中国科技人才状况调查报告2019

科技人才服务

第八章

产业发展若干情况

我国规模宏大的科技人才队伍，不仅在科技论文、发明专利等方面创造了丰硕的科技成果，推动我国基础研究和原始创新能力显著提升，还通过技术成果市场交易、科技企业孵化器服务、高新区高技术产业和人才集聚、科技特派员深入农业农村等方式和途径，推动一批又一批科技成果转化、应用、服务于我国经济高质量发展及人民美好生活需要的各个领域。

第一节　技术成果交易状况

技术市场技术成果交易反映了科技人才知识产出和科技创新成果转化应用的情况，是科技人才服务经济社会发展的直接体现。

一、技术市场成交技术合同金额持续高速增长

从我国技术市场成交技术合同数量来看，2018年我国技术市场共签订技术合同41.2万项，比2005年的26.5万项增长了55.5%。"十一五"期间，成交技术合同数量呈减少趋势，年均减少2.8%；"十二五"期间，成交技术合同数量开始大幅增加，年均增速上升至6.0%；"十三五"以来，全国技术市场技术合同成交量高速增长，年均增速达到10.3%，比"十二五"期间提高了4.3个百分点（图8-1）。

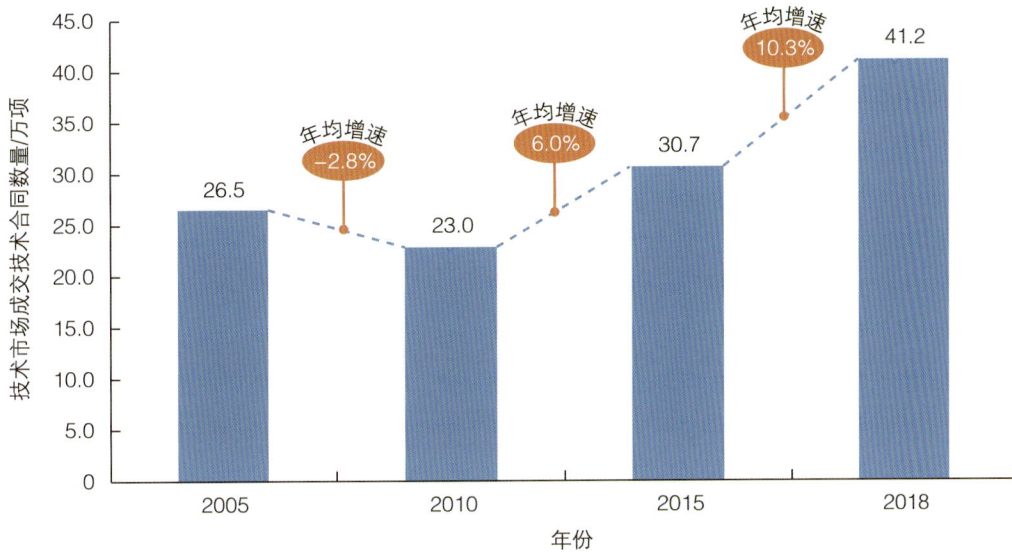

图8-1 全国技术市场成交技术合同数量与增长情况

（数据来源：《中国科技统计年鉴》）

从我国技术市场成交技术合同金额来看，2018年我国技术市场成交技术合同金额达到17 697.4亿元，是2005年的11.4倍。自"十一五"以来，我国技术市场成交合同金额一直保持高速增长，年均增速始终在20.0%以上，"十三五"以来年均增速达到21.6%（图8-2）。

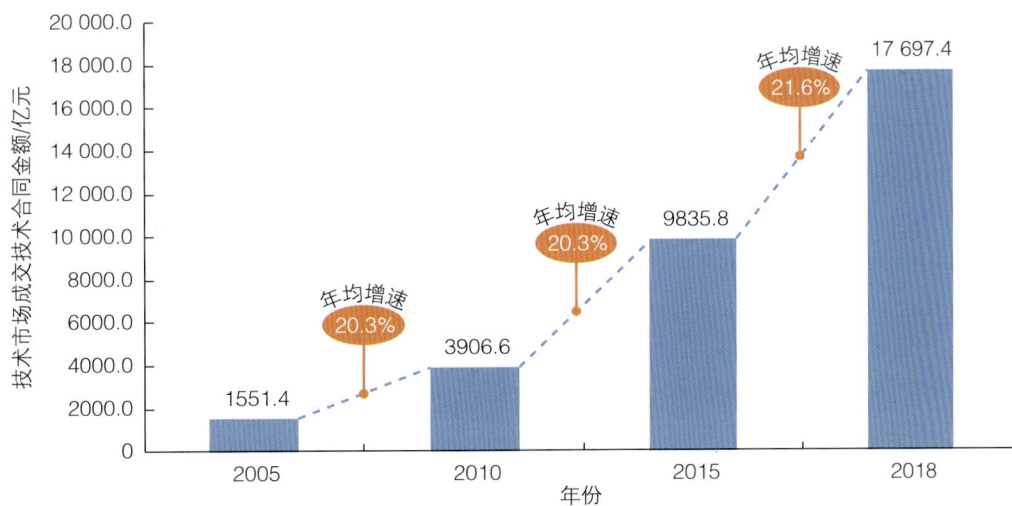

图8-2 全国技术市场成交技术合同金额与增长情况

（数据来源：《中国科技统计年鉴》）

二、九成以上领域技术合同成交金额实现两位数高速增长

从各技术领域的技术市场合同成交数量来看，2018年，电子信息技术领域的技术合同成交数量最多，超过16.0万项，遥遥领先于其他技术领域，占技术市场技术合同成交总量的近四成；先进制造技术和城市建设与社会发展两个领域技术合同成交数量分别为4.2万项和5.7万项，在技术市场技术合同成交总量中的占比均超过了10.0%。"十三五"以来，核应用技术领域、农业技术领域的技术合同成交量增长最快，年均增速分别为18.9%和18.2%，领先于其他技术领域成交合同量的年均增速；电子信息技术、新材料及其应用和城市建设与社会发展3个领域的技术合同成交量增长也较快，年均增速均超过了10.0%（图8-3）。

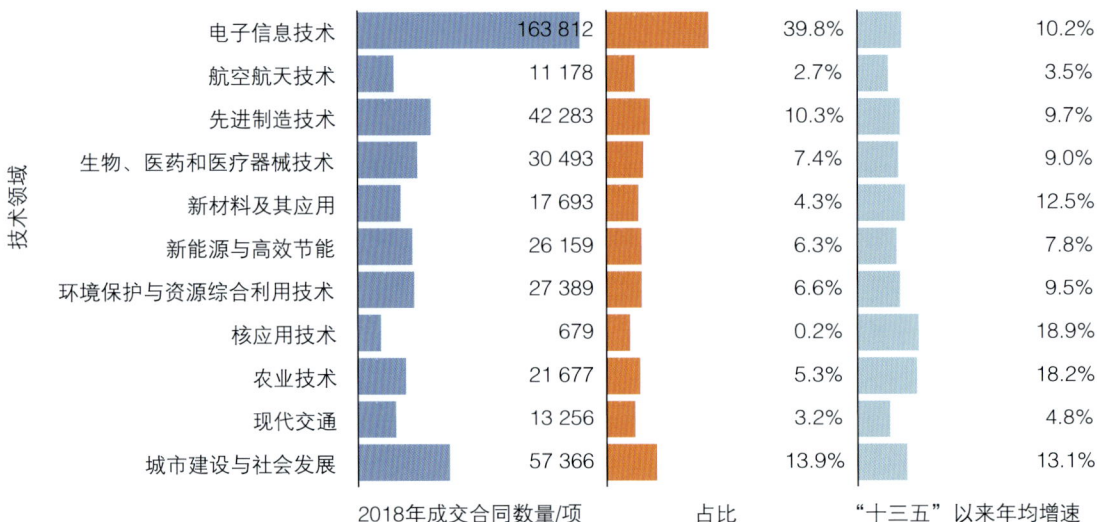

技术领域	2018年成交合同数量/项	占比	"十三五"以来年均增速
电子信息技术	163 812	39.8%	10.2%
航空航天技术	11 178	2.7%	3.5%
先进制造技术	42 283	10.3%	9.7%
生物、医药和医疗器械技术	30 493	7.4%	9.0%
新材料及其应用	17 693	4.3%	12.5%
新能源与高效节能	26 159	6.3%	7.8%
环境保护与资源综合利用技术	27 389	6.6%	9.5%
核应用技术	679	0.2%	18.9%
农业技术	21 677	5.3%	18.2%
现代交通	13 256	3.2%	4.8%
城市建设与社会发展	57 366	13.9%	13.1%

图8-3 不同技术领域成交技术合同数量情况

（数据来源：《中国科技统计年鉴》）

从各技术领域的技术市场合同成交金额来看，2018年，电子信息技术领域的技术合同成交金额最多，达到4505.2亿元，遥遥领先于其他技术领域，约占技术市场合同成交金额的1/4；先进制造技术、现代交通、城市建设与社会发展3个领域技术合同成交金额均超过2000.0亿元，在技术市场技术合同成交金额中的占比均超过了14.0%。"十三五"以来，除核应用技术领域外，所有技术领域技术合同成交金额均呈现两位数快速增长态势，其中，现代交通、城市建设与社会发展两个技术领域的技术合同成

交金额增长最快, 年均增速均超过了30.0%; 电子信息和先进制造两个技术领域的技术合同成交金额增长也较快, 年均增速超过了20.0%（图8-4）。

技术领域	2018年成交合同金额/亿元	占比	"十三五"以来年均增速
电子信息技术	4505.2	25.5%	21.7%
航空航天技术	408.2	2.3%	13.8%
先进制造技术	2490.9	14.1%	22.6%
生物、医药和医疗器械技术	839.2	4.7%	18.0%
新材料及其应用	672.4	3.8%	14.7%
新能源与高效节能	1540.1	8.7%	13.1%
环境保护与资源综合利用技术	1326.9	7.5%	18.4%
核应用技术	266.0	1.5%	−12.0%
农业技术	420.8	2.4%	11.0%
现代交通	2542.7	14.4%	37.3%
城市建设与社会发展	2685.0	15.2%	30.4%

图8-4 不同技术领域成交技术合同金额情况

（数据来源:《中国科技统计年鉴》）

第二节 科技企业孵化器从业人员状况

科技企业孵化器通过开展培训和咨询及提供场地和共享设施等方式, 为科技型创业企业（一般称"在孵企业"）提供有效服务, 降低创业风险和创业成本, 提高企业的成活率和成长性, 培养、造就具有创新精神和创业能力的创业领军人才与企业家。近年来, 我国科技企业孵化器的数量持续增长, 孵化能力不断增强, 已成为吸引海内外优秀创业人才和企业家服务我国科技创新事业及高技术产业发展的重要阵地。

一、在孵企业从业人员数量保持两位数高速增长

我国科技企业孵化器在孵企业从业人员数量一直保持高速增长。2015年从业人员数量为166.2万人，至2018年已达到290.2万人，增长了74.6%，"十三五"以来年均增速高达20.4%。在孵企业从业人员中，近八成是大专以上人员，2018年大专以上人员数量达到225.3万人，"十三五"以来大专以上人员增速为21.0%；科技企业孵化器吸引了越来越多的留学人员，留学人员数量也有明显增长，从2015年的2.1万人增加到2018年的2.8万人，增长了33.3%，年均增速为9.5%（图8-5）。

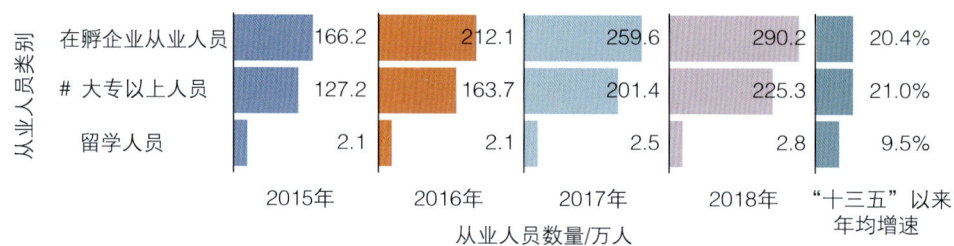

图8-5 科技企业孵化器在孵企业从业人员情况

（数据来源：《中国科技统计年鉴》）

二、科技企业孵化器服务企业科技创新成绩显著

在众多科技人员的服务推动下，我国科技企业孵化器在孵化企业和推动企业科技创新方面取得显著成绩。2018年，全国孵化器共有4849家，比2015年的2533家增长了91.4%，"十三五"以来年均增速达到24.2%；孵化器内企业总数超过26.0万家，比2015年的14.6万家增长了78.5%，2018年累计毕业企业已近14.0万家。随着孵化器数量和孵化期内从业人员的大幅增加，2018年当年新增在孵企业和毕业企业个数均比2015年增长了1倍左右（表8-1）。

从科技创新情况来看，孵化企业科技创新成果丰硕。2018年孵化企业拥有知识产权数量已达到44.1万件，是2015年的2.8倍，"十三五"以来年均增速高达41.6%，其中，发明专利数量达到8.5万件，在知识产权总量中的占比近1/5。孵化企业取得了非常可观的经济收益，2018年在孵企业总收入已达到8343.0亿元，比2015年增长了

73.4%，"十三五"以来年均增速达到20.1%（表8-1）。

表8-1　科技企业孵化器企业情况

孵化器内企业情况	2015年	2016年	2017年	2018年	"十三五"以来年均增速
在统孵化器数量/个	2533	3255	4063	4849	24.2%
孵化器内企业总数/个	145 956	173 779	223 046	260 521	21.3%
累计毕业企业/个	74 853	89 694	110 701	139 396	23.0%
当年新增在孵企业/个	31 886	48 095	56 930	60 309	23.7%
当年毕业企业/个	11 594	15 020	20 366	23 457	26.5%
在孵企业总收入/亿元	4810.4	4792.7	6335.7	8343.0	20.1%
拥有有效知识产权数/件	155 369	223 066	308 139	440 881	41.6%
#发明专利/件	39 003	51 954	69 769	85 180	29.7%

数据来源：《中国科技统计年鉴》。

第三节　国家高新区科技人才状况

国家高新技术产业开发区，简称"国家高新区"，是党中央、国务院在推进国家改革开放和社会主义现代化建设进程中做出的重大战略部署。1985年，中共中央发布《关于科学技术体制改革的决定》，提出了建设科技产业园区的部署，1988年国家正式批复了第一家国家高新区，经过30多年的发展，截至2018年10月，经国务院批准（复）建设的国家高新区数量达到169家。国家高新区已发展成为全国创新资源最密集、创新活动最活跃、创新强度最大、创新成果最丰硕的区域，是各类科技人才聚集的创新高地。2018年全国169家国家高新区园区生产总值（GDP）加总达到11.1万亿元，同比增长10.5%，比全国GDP增速（6.6%）高出3.9个百分点；GDP总额相当于全国GDP总额（90.0万亿元）的12.3%，较上年提升0.5个百分点。

一、国家高新区汇聚各类研发机构为科技人才搭建事业平台

国家高新区一直将引进和培育高校、科研院所和企业的各类研发机构作为推动创新发展的重要工作，为科技人才进行科学研究、技术开发、技术产业化等科技创新创业活动提供良好的平台。2018年，169家国家高新区拥有省级及以上各类研发机构26 162家，比2017年增加13.1%，平均每家国家高新区拥有省级及以上各类研发机构155家，较上年增加8家（图8-6）。

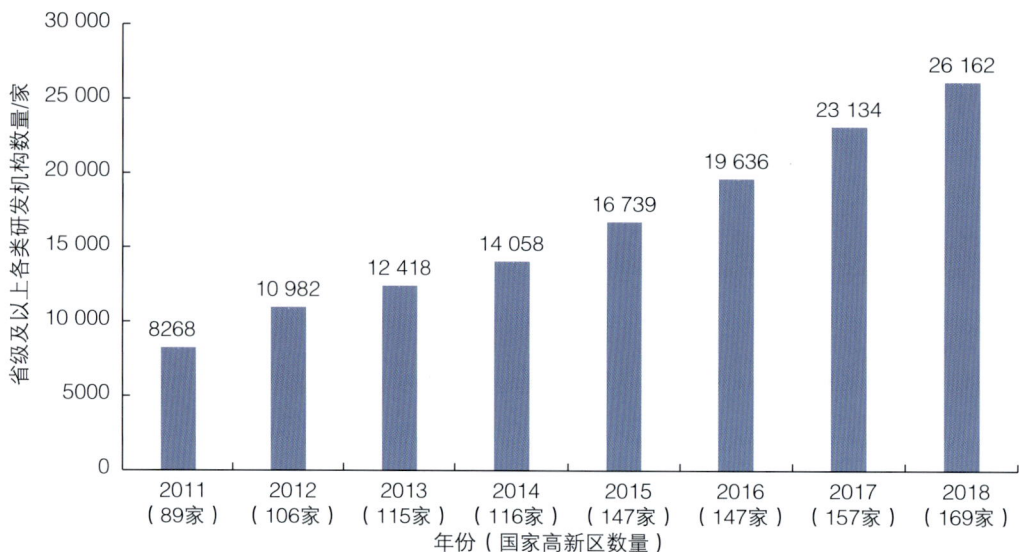

图8-6 国家高新区省级及以上各类研发机构数量

（数据来源：科技部网站，《国家高新区创新能力评价报告》）

各类研发机构中，国家级科技创新平台不断增加。截至2018年年底，国家高新区累计建设国家重点实验室368家、国家工程研究中心115家（包含分中心）、国家工程技术研究中心258家、国家工程实验室159家、国家地方联合工程研究中心（工程实验室）390家；国家或行业归口研究院所924家；拥有经国家认定的企业技术中心（包含分中心）和博士后科研工作站数量分别为724家和1272家（图8-7）。

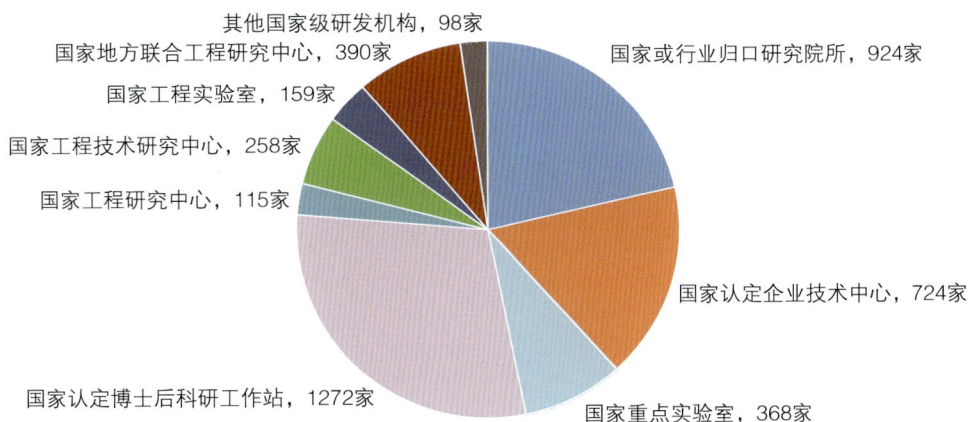

其他国家级研发机构，98家
国家地方联合工程研究中心，390家
国家工程实验室，159家
国家工程技术研究中心，258家
国家工程研究中心，115家
国家或行业归口研究院所，924家
国家认定企业技术中心，724家
国家认定博士后科研工作站，1272家
国家重点实验室，368家

图8-7　国家高新区各类国家级科技创新平台分布情况（2018年）

（数据来源：科技部网站，《国家高新区创新能力评价报告》）

二、国家高新区从业人员结构不断优化

2018年国家高新区从业人员为2091.6万人，比2017年增加122.7万人，在从业人员数量增加的同时，人员队伍的整体结构也在不断优化，呈现出较为明显的高学历、高技能特点。2018年，本科及以上学历从业人员数量为764.8万人，占从业人员总数的36.6%，比2017年增加1.3个百分点；专业技术人员数量达到550.6万人，占从业人员总数的26.3%，较2017年提高1.8个百分点；从事科技活动的人员数量共计428.1万人，占从业人员总数的20.5%，较2017年增长0.9个百分点（图8-8）。

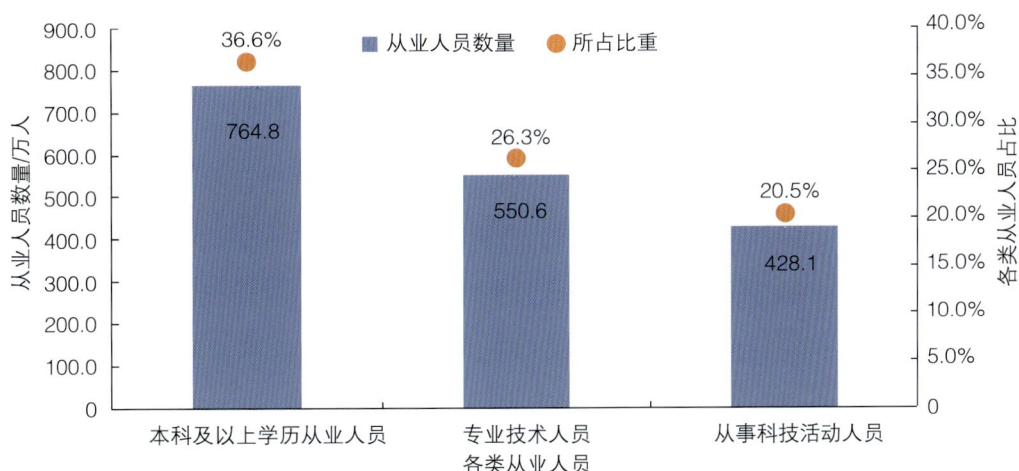

图8-8　国家高新区从业人员结构分布情况（2018年）

（数据来源：科技部网站，《国家高新区创新能力评价报告》）

企业是国家高新区成果转化的重要载体，国家高新区企业R&D人员全时当量保持稳定增长，2018年达到177.2万人年，比2017年增加7.5%，占到全国R&D人员全时当量（438.1万人年）的40.4%（图8-9）。从研发人员投入强度来看，2018年高新区企业每万名从业人员中R&D人员全时当量为847人年/万人，远高于我国万名就业人员中R&D人员全时当量56.5人年/万人。

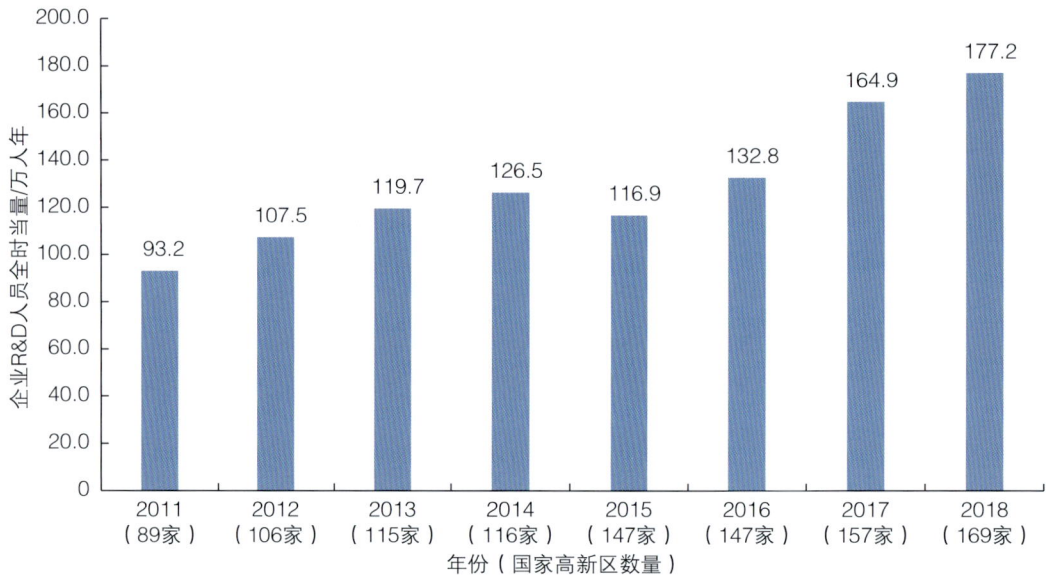

图8-9　国家高新区企业R&D人员全时当量

（数据来源：科技部网站，《国家高新区创新能力评价报告》）

三、国家高新区对国际人才的吸引力增强

国家高新区完善的人才发展环境吸引了大量科技人才来此创新创业，成为国际人才来华创新创业的重要基地。截至2018年年底，国家高新区企业从业人员中有留学归国人员16.3万人，比2017年增加21.6%；有外籍常驻员工7.3万人，与2017年持平；引进外籍专家1.7万人，略低于2017年（图8-10）。2011—2018年国家高新区企业从业人员中海外留学归国人员和外籍常驻员工所占比重缓慢波动上升，2018年占比为1.13%，比2011年增加0.21个百分点（图8-11）。

图8-10　国家高新区企业从业人员中国际人才情况（2017—2018年）

（数据来源：《中国科技人才发展报告》《国家高新区创新能力评价报告》）

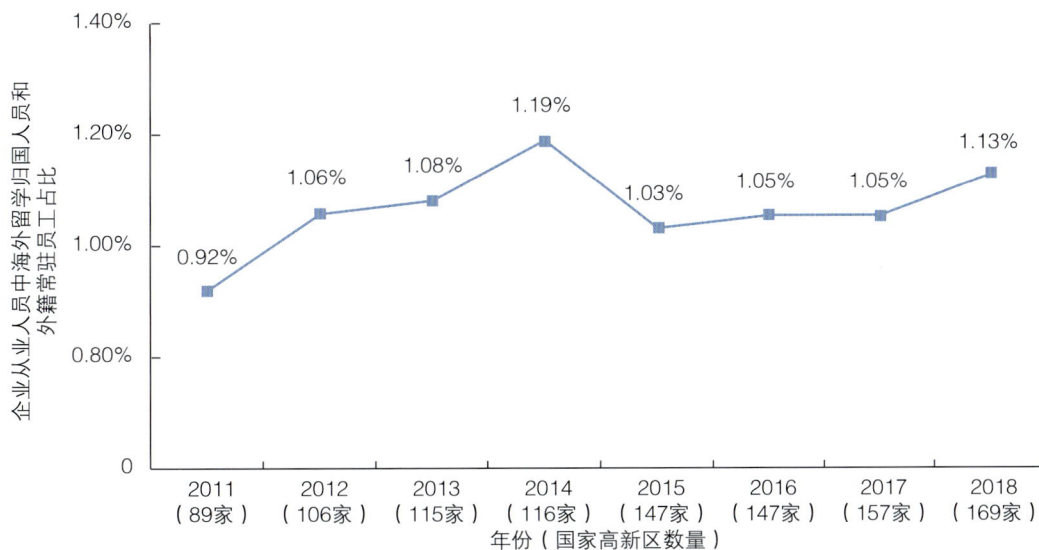

图8-11　国家高新区企业从业人员中海外留学归国人员和外籍常驻员工占比

（数据来源：科技部网站，《国家高新区创新能力评价报告》）

中国科技人才状况调查报告2019

科技人才发展

第九章

环境调查情况

习近平总书记强调，"要营造良好创新环境，加快形成有利于人才成长的培养机制、有利于人尽其才的使用机制、有利于竞相成长各展其能的激励机制、有利于各类人才脱颖而出的竞争机制，培植好人才成长的沃土，让人才根系更加发达，一茬接一茬茁壮成长"。党的十八大以来，我国创新驱动发展战略全面实施，研发经费投入持续增加，科技体制机制改革进一步深化，科技人才发展环境得到了明显改善。2018年我国研发经费总量达到19 677.9亿元，是仅次于美国的世界第二大研发经费投入国家，研发人员人均研发经费为44.9万元/人年，"十三五"以来年均增长6.0%，为科技人才开展科技研发活动提供了有力保障。有关部门、单位、地方积极落实中央要求，以"放权、松绑、激励、服务"为重点，形成了覆盖人才管理、培养引进、评价激励、流动服务等方面的人才政策体系，对激发科技人才创新创造活力和增强获得感起到了积极作用。

本次报告科技人才发展环境调查部分，调查主题是科技人才开展科技创新活动的内生动力和创新诉求。依托国家科技专家库，对近1200名高层次科技专家进行了问卷调查，重点了解科技人才从事科研工作的内生动力，对政府科技管理、单位人事和科研管理制度、社会创新生态建设3个层面的意见和诉求，客观反映科技体制改革、人才发展体制机制改革相关政策的推进落实情况，为提高政府科技管理效率、完善科研机构管理制度及优化科技创新生态提供参考。

第一节　科技人才从事科研工作的内生动力

深入了解科技人才内生动力、及时满足科技人才创新诉求，才能有效激发他们的创新活力。本次问卷调查获取了科技人才从事科技创新工作的动力来源、选择职业流动的动因、保障科研工作的个人需求等，为有针对性地激发科技人才创新活力提供参考。

一、从事科研工作的内生动力主要来自国家需要、事业责任和专业兴趣

科技人才从事科研工作的动力源于国家需要、事业责任、专业兴趣、社会荣誉等。按照选择人数排序，科研工作内生动力来源中排在前3位的是事业责任、专业兴趣和国家需要，选择人数比例分别为68.4%、67.1%和56.0%。比较不同年龄科研人群的动力来源，45岁及以下科研人群比较看重自我成长和满足生活需求；45岁以上科研人群更加看重国家需要和事业责任（表9-1）。

表9-1　科技人才从事科研工作的动力来源

动力来源	选择人数比例		
	样本总体	45岁及以下	45岁以上
国家需要	56.0%	52.4%	58.7%
事业责任	68.4%	60.3%	74.5%
专业兴趣	67.1%	69.5%	65.3%
能力特长	24.4%	20.7%	27.1%
自我成长	19.2%	27.8%	12.7%
满足生活	12.4%	15.7%	9.9%
社会荣誉	7.8%	6.3%	9.0%
良好氛围	5.5%	6.8%	4.4%
榜样激励	2.4%	3.1%	1.8%

注：表中数据为每位被调查人员最多选3项的统计结果。

二、科技人才流动的主要动因是个人成长与职业发展空间

从科技人才流动的动因来看，75.6%的被调查人员认为个人成长与职业发展是人才流动考虑的主要因素。薪酬待遇也对人才流动有显著影响，选择人数比例为61.9%。单位给予的科研平台、岗位匹配、科研氛围等也是人才流动考虑的重要因素，地区经济发展、居住环境、学术资源网络等外部环境因素对人才流动的影响相对较小（表9-2）。

表9-2　科技人才流动考虑的主要因素

排序	流动的动因	选择人数比例
1	个人成长与职业发展空间	75.6%
2	个人薪酬待遇	61.9%
3	单位科研平台和科研投入	30.4%
4	个人工作满意度（与岗位匹配性）	28.6%
5	单位创新文化和科研氛围	27.2%
6	个人家庭原因（子女上学等）	25.4%
7	地区科技、人才等政策环境	13.1%
8	地区经济发展水平和产业结构	9.5%
9	地区居住环境	3.0%
10	地区学术资源网络	1.9%

注：表中数据为每位被调查人员最多选3项的统计结果。

从不同年龄段科技人才流动的动因选择来看，青年人才流动更易受个人家庭因素（子女上学、户口、住房等）影响，35岁及以下人群中选择人数比例达到34.9%，随着年龄的增长，选择这方面因素的人数比例逐渐降低（图9-1）。

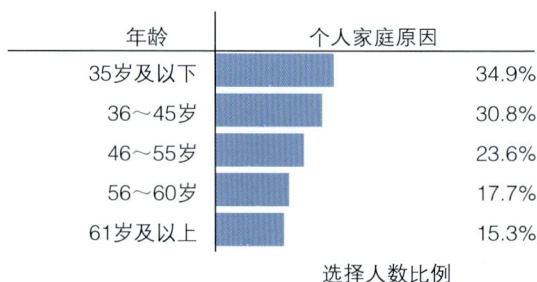

年龄	个人家庭原因
35岁及以下	34.9%
36～45岁	30.8%
46～55岁	23.6%
56～60岁	17.7%
61岁及以上	15.3%

选择人数比例

图9-1　不同年龄段人才流动动因选择个人家庭因素的比例

三、科技人才个人需求主要是尊重信任和保障生活

被调查人员在开放式问题的主观诉求表述中，关于激发内生动力、满足自身需求的诉求主要集中于3点：一是受到尊重和认可。资金不仅用在单位、项目、设备上，

还要用在人才本身，提高科技人才的收入和待遇。二是给予信任。在诚信和道德规范合理的约束下充分相信科技人才，重点从研究方向、研究前景上给予激励和支持。三是提供生活保障。在衣食住行、子女教育、科研环境方面给予保障，让科技人才无后顾之忧，不要为了生活而奔波忙碌。

第二节　科技人才对政策重要性与作用效果的评价

围绕近年来各级政府和有关单位出台的人才相关政策，本次调查获取了科技人才对政策的重要性、作用效果、进一步推进等情况的反映与评价，为推进政策提升、落实和补缺提供参考。

一、扩大自主权和"松绑减负"对激发人才活力最为重要

调查显示，科技人才对政府深化"放管服"改革、扩大用人单位和领军人才"人财物"自主权，以及优化科技计划管理、为科技人才"松绑减负"的改革举措最为关注，选择人数比例均超过了50.0%。此外，科技人才对科研机构中长期绩效评估、清理"四唯"评价也较为关注，选择人数比例分别为39.0%和33.0%（表9-3）。

表9-3　科技人才对人才相关改革政策重要性的评价

排序	主要改革政策	对激发人才活力最为重要
1	深化"放管服"，扩大用人单位和领军人才"人财物"自主权	54.3%
2	优化科技计划管理，为科技人才"松绑减负"	50.8%
3	完善科研机构评估制度，实行中长期绩效考核	39.0%
4	清理"四唯"，扭转评价"指挥棒"	33.0%
5	以增加知识价值为导向增强科技人才获得感	26.2%

续表

排序	主要改革政策	对激发人才活力最为重要
6	基于职业属性和岗位要求，推进人才分类评价	20.2%
7	加强科研诚信监督管理	19.6%
8	鼓励人才合理流动，优化人才资源配置	17.0%
9	加大海外引才引智力度，完善外国人才服务	5.3%

注：表中数据为每位被调查人员最多选3项的统计结果。

企业科技人才对以增加知识价值为导向的激励政策和人才流动政策的重要性评价较高。44.4%来自企业的被调查人员认为以增加知识价值为导向的激励政策对激发人才活力最为重要，可以明显增强他们的获得感，对"松绑减负"和清理"四唯"评价的关注度则明显低于其他机构人员。有27.4%来自企业的被调查人员认为人才流动政策很重要，选择人数比例明显高于其他机构人员（图9-2）。

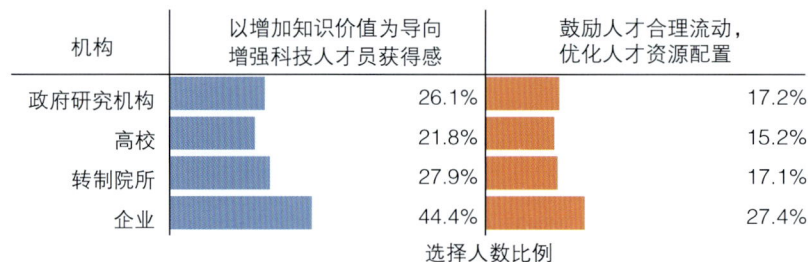

图9-2 不同机构科技人才对政策重要性的评价

基础研究人员对机构评估政策的重要性评价较高。48.0%从事基础研究的被调查人员认为科研机构中长期绩效考核政策对激发人才活力最为重要，选择人数比例明显高于其他领域人员（图9-3）。

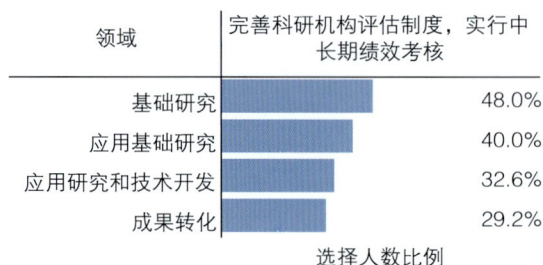

图9-3 从事不同研究活动的科技人才对机构中长期绩效评估制度重要性的评价

二、科技人才对"松绑减负"和扩大自主权的获得感最强

从科技人才对已产生明显积极作用的政策落实效果评价来看，按照选择人数从高到低排列，排在前两位的分别是"优化科技计划管理，给科技人才'松绑减负'""深化'放管服'，扩大用人单位和领军人才'人财物'自主权"，选择人数比例分别为41.3%和36.3%。比较不同年龄科研人群对改革政策落实效果的评价，35岁及以下年轻人对人才流动、机构中长期绩效考核政策的获得感更强；35岁以上人群对扩大"人财物"自主权、增加知识价值为导向的分配政策的获得感更强。

三、科技成果转化让科技人才获得实实在在的收益

通过实施科技成果转化"三部曲"，下放成果使用、处置、收益权，优化税收、股权等政策，疏通政策堵点，加大激励力度，科技人才获得感不断增强。84.6%的被调查人员表示，所在单位科技成果转化有效果，其中，近40.0%的人员认为科技成果转化效果"非常好"或"好"，仅有15.4%的人员认为科技成果转化效果"差"或"较差"（表9-4）。

表9-4　科技人才对所在单位科技成果转化效果的评价

科技成果转化效果		非常好	好	一般	较差	差
样本总体		5.7%	33.1%	45.8%	11.0%	4.4%
创新主体	政府研究机构	3.4%	25.0%	54.9%	12.4%	4.3%
	高校	4.3%	33.8%	44.7%	12.3%	4.9%
	转制院所	9.1%	45.0%	38.7%	5.4%	1.8%
	企业	17.1%	44.4%	28.2%	6.0%	4.3%

注：表中数据为被调查人员单选统计结果。

第三节　科技人才对优化政府科技管理的诉求与建议

习近平总书记指出，"政府科技管理部门要抓战略、抓规划、抓政策、抓服务"，为优化科技管理格局和转变政府职能指明了方向。调查显示，科技人才认为政府科技管理部门最应加强的是"抓服务"。本次调查获取了科技人才对国家科研任务产生和组织实施、科研经费配置、科技计划管理监督评估、创新生态营造等方面的意见和诉求，为进一步优化政府科技管理方式和提高科技管理效率提供参考。

一、近半数科技人才赞同通过规划产生国家科研任务

在国家科研任务产生方面，近50.0%的被调查人员认为应由国家战略规划确定国家科研任务；还有部分人员希望通过"自下而上"方式由优势科研单位、转制院所和企业提出；赞同由少数大牌专家提出国家科研任务的人员比例仅为16.3%（表9-5）。

表9-5　科技人才对国家科研任务合理产生方式的建议

排序	国家科研任务产生方式	选择人数比例
1	由国家战略规划确定	49.4%
2	由行业技术开发研究机构综合企业需求提出	38.8%
3	通过技术预测广泛征求科技专家意见提出	37.8%
4	由领域科研单位和高校提出	37.3%
5	由国家战略咨询委员会定期研究提出	33.2%
6	建立网络平台征集各方意见	23.1%
7	由战略科学家提出	16.3%

注：表中数据为每位被调查人员最多选3项的统计结果。

二、超四成科技人才认为以项目为核心组织国家科研任务更为高效

在国家科研任务组织实施方面，45.1%的被调查人员认为以项目为核心的方式更为高效，选择以机构或基地为核心、以企业为主体产学研合作、以领军人才为核心组织团队这3种方式的人数分布比较均匀，比例均为16.0%～19.0%（表9-6）。

表9-6　科技人才对国家科研任务组织实施方式的建议

排序	国家科研任务组织实施方式	选择人数比例
1	以项目为核心	45.1%
2	以企业为主体产学研合作	18.7%
3	以机构或基地为核心	18.0%
4	以领军人才为核心组织团队	16.1%
5	其他	2.1%

注：表中数据为每位被调查人员单选的统计结果。

三、超半数科技人才希望给予优势科研单位一定的科研经费自主权

在科研经费配置方面，超过50.0%的科研人员认为应给予优势科研单位一定的稳定经费支持和使用自主权；也有45.8%的科研人员认为科研经费应该通过竞争方式支持；选择加大国家科技创新基地的稳定经费支持与对领军人才和创新团队持续支持的人数比例均为30%左右；选择扩大定向委托方式支持的人数比例最低，仅为16.7%（表9-7）。

表9-7　科研人员对国家科研经费有效配置方式的建议

排序	国家科研经费配置方式	选择人数比例
1	给予优势科研单位一定的经费配置和使用自主权	51.1%
2	主要通过竞争方式支持	45.8%
3	加大国家科技创新基地的稳定经费支持	30.9%
4	对领军人才和创新团队持续支持	29.6%
5	扩大定向委托方式支持	16.7%

注：表中数据为每位调查人员最多选两项的统计结果。

四、近2/3的科技人才希望扭转科技计划的监督评估导向

对于改进科技计划监督评估，在评估导向方面，66.0%的被调查人员认为应以成果水平和作用影响为导向，分别有30.0%左右的人员认为应以任务完成和勤勉尽责情况为重点、以能力和人才团队建设为导向，认为应以经费合理使用为导向的人员比例仅为9.8%；在监督评估环节和频次方面，55.8%的被调查人员认为应进行重点环节监督和抽查，仅有7.9%的人员认为应进行全面监督；在监督评估主体方面，有15.2%的被调查人员认为应以自我约束为主，有8.9%的人员认为应以外部监督为主（表9-8）。

表9-8　科技人才对改进科技计划监督评估的建议

排序	改进建议	选择人数比例
1	以成果水平和作用影响为导向	66.0%
2	重点环节监督和抽查	55.8%
3	以任务完成和勤勉尽责情况为重点	30.9%
4	以能力和人才团队建设为导向	29.8%
5	以自我约束为主	15.2%
6	以经费合理使用为导向	9.8%
7	以外部监督为主	8.9%
8	全面监督	7.9%

注：表中数据为每位被调查人员最多选3项的统计结果。

五、科技人才对"增稳"和"减负"的期望较高

对于心无旁骛潜心搞科研，在条件保障方面，85.4%的被调查人员认为应加大稳定的基本科研经费支持，38.3%的人员认为应提供必要的生活保障，尤其是35岁以下的年轻人对生活保障需求更为强烈，这一比例达到近50%。在环境保障方面，60.3%的被调查人员渴望减轻一般性管理负担，57.8%的人员渴望减少监督评估和考核评价的频次与事项，41.3%的人员渴望保障充足的科研时间。

六、近半数科技人才认为科研诚信和科学家精神是建设良好创新生态的重点

营造良好创新生态，需要科技人才爱国奉献、求真务实、创新担当、守信自律。按照被调查人员对营造良好创新生态不同举措的选择人数从高到低排序，排在前两位的是加强科研诚信建设和弘扬科学家精神，选择人数比例分别为47.4%和43.9%，反映了科技人才自身的科学精神、学术操守、职业道德等个人素质对优化科技创新生态的重要性。还有部分被调查人员认为营造良好外部环境也很重要，分别有近40.0%的人员选择了引导社会力量对科技创新的支持和投入、加强创新文化建设（表9-9）。

表9-9　科技人才对优化科技创新生态的举措建议

排序	举措建议	选择人数比例
1	加强科研诚信建设，建立健全科技信用管理体系	47.4%
2	弘扬科学家精神	43.9%
3	引导社会力量对科技创新的支持和投入	39.6%
4	加强创新文化建设	37.5%
5	发挥科技奖励作用，鼓励社会力量设奖	23.5%
6	加强科学技术普及，提升公民科学文化素质	23.5%
7	健全相关法律法规	19.2%
8	加强宣传正面典型	11.9%
9	强化共同体自律	9.4%
10	加强舆论监督	4.6%

注：表中数据为每位被调查人员最多选3项的统计结果。

第四节　科技人才对完善科研单位制度的诉求与建议

科研单位为科技人才个人成长和职业发展提供了平台，是激发科技人才创新活力、开展科研工作的小环境。本次调查获取了科技人才所在单位的使命宗旨履行、科技成果转化、人才引进与激励等基本情况，为优化科研单位组织运行机制、完善基本制度建设和打通政策落实"最后一公里"提供参考。

一、近八成科技人才所在单位为其提供了稳定发展平台

超过40.0%的被调查人员表示其所在单位主要科研工作围绕领域（行业）进步不断发展；36.1%的人员表示所在单位主要科研工作围绕使命宗旨基本稳定，单位稳中有进的科研业务为科技人才个人成长和发展提供了良好的科研平台。只有16.8%的被调查人员认为本单位科研方向不断变化，6.4%的人员认为本单位科研任务逐步萎缩（表9-10）。

表9-10　科研单位履行单位使命宗旨的情况调查结果

排序	单位科研工作情况	选择人数比例
1	本单位的主要科研方向围绕领域（行业）进步不断发展	40.7%
2	本单位的主要科研方向围绕使命定位基本稳定	36.1%
3	本单位的主要科研方向面向多元需求变化不定	16.8%
4	本单位的主要科研任务脱离实际需要逐步萎缩	6.4%

注：表中数据为每位被调查人员单选的统计结果。

二、促进科技成果转化仍需进一步放活人才

调查显示，目前科技成果转化的主要途径是科技人才与用户直接对接，选择这种方式的人数比例近60.0%，有近30.0%的被调查人员表示通过学校和院所转化成果，

选择由专业机构进行转化的人数比例不足10.0%。在此情况下，有41.7%的被调查人员表示本单位仍需要优化与科技成果转化相关的制度，进一步放活科技人才；还有21.4%的人员希望专业机构协同推进转化工作（表9-11）。

表9-11　科技人才认为科研单位在科技成果转化中需改进的地方

排序	举措建议	选择人数比例
1	需要本单位优化制度，放活科技人才	41.7%
2	需要进一步提高成果的应用水平	35.4%
3	需要专业机构负责协同推动转化	21.5%
4	其他	1.4%

注：表中数据为每位被调查人员单选的统计结果。

三、在人才激励方式中科技人才最看重公平公正的科研环境

对于激发海外引进人才发挥更大作用的有效方式，被调查人员对公平竞争工作岗位或科研任务的认可度最高，选择人数比例达到63.8%；其次是薪酬待遇与贡献挂钩，选择人数比例为47.5%；也有超过1/3的人员认为搭建研发团队是有效方式；选择直接委任工作岗位或委派科研任务的人数最少，比例仅为6.8%（表9-12）。

表9-12　科技人才对激发海外引进人才发挥更大作用的有效方式的认识

排序	激励方式	选择人数比例
1	公平竞争工作岗位或科研任务	63.8%
2	薪酬待遇与贡献挂钩	47.5%
3	搭建研发团队	37.9%
4	解决个人和家庭保障问题	31.4%
5	促进融入当地科研文化环境	24.0%
6	薪酬待遇与国际水平接轨	18.1%
7	直接委任工作岗位或委派科研任务	6.8%

注：此表为每位被调查人员最多选3项的统计结果。

四、科技人才对完善单位管理制度有迫切期待

被调查人员在开放式问题的主观诉求表述中，关于完善单位管理制度的意见与诉求主要集中于3点：一是落实"放管服"，加强制度建设。转变学术机构官僚化作风，减少科研管理和科技人才管理中的行政干预。二是加大科技人才绩效薪酬激励。以职称、职位等非绩效因素分配绩效薪酬，并未体现科技人才的真正贡献和绩效，难以发挥绩效激励作用。三是优化人事制度。部分科研事业单位人员编制、研究生招生名额及职称比例等受到严格限制，影响了科研团队建设。

中国科技人才状况调查报告2019

各地区研发

第十章

人员状况

近年来，在党中央关于创新驱动发展、科技体制改革、人才体制机制改革等改革部署与政策的指引下，各地方积极行动，大力实施创新驱动发展战略和人才强省（区、市）战略，高度重视科技人才培养和科技人才队伍建设。我国大多数地区科技人才队伍稳步壮大，部分地区存在科技人才流失情况。

第一节　各地区R&D人员状况

一、东部地区R&D人员占比2/3，东北地区R&D人员有所减少

从R&D人员区域分布来看，我国R&D人员仍主要集中在经济较为发达的东部地区，地区之间存在明显差异。2018年，东部地区R&D人员全时当量为291.7万人年，占全国R&D人员总量约2/3；东北地区R&D人员最少，全时当量为16.9万人年，占比仅为3.9%；中部和西部地区R&D人员全时当量分别为74.6和55.0万人年，占比分别为17.0%和12.5%（图10-1）。

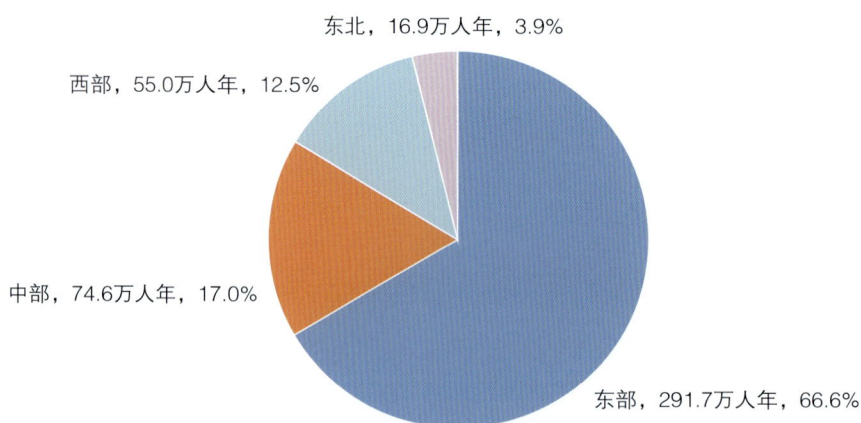

图10-1　R&D人员区域分布情况（2018年）

（数据来源：《中国科技统计年鉴》）

从各区域R&D人员全时当量增长情况来看，"十一五"期间，东部和中部地区R&D人员增长较快，年均增速均达到10.0%以上，西部和东北地区R&D人员增长相对较慢，年均增长均在7.0%～8.0%。"十二五"期间，各地区R&D人员增速均有所下降，东部和中部地区R&D人员年均增速在9.0%左右，西部地区R&D人员年均增速为6.6%，东北地区R&D人员则开始出现负增长情况（表10-1）。"十三五"以来，各地区R&D人员增速持续下降，东部、中部、西部地区R&D人员增速均在5.0%～6.0%，平均每年增加的R&D人员全时当量分别为15.0万人年、3.8万人年和2.7万人年；东北地区R&D人员则持续减少，平均每年减少4.1%，平均每年减少的R&D人员全时当量达到0.7万人年（图10-2）。

表10-1　区域R&D人员增长情况

地区	"十一五"（2006—2010年）年均增速	"十二五"（2011—2015年）年均增速	"十三五"以来（2016—2018年）年均增速
全国	13.3%	8.0%	5.2%
东部	15.9%	9.0%	5.7%
中部	12.8%	8.7%	5.7%
西部	7.9%	6.6%	5.5%
东北	7.1%	-0.1%	-4.1%

数据来源：《中国科技统计年鉴》。

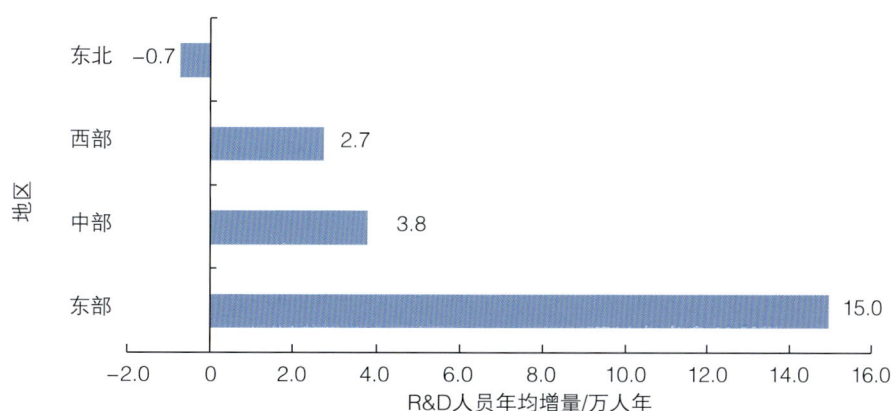

图10-2　"十三五"以来区域R&D人员年均增量

（数据来源：《中国科技统计年鉴》）

二、七省（区、市）R&D人员减少

从各省（区、市）R&D人员分布来看，按照2018年地区R&D人员全时当量排序，江苏省和广东省处于第一梯队，研发人员规模超过了50万人年；山东省、北京市处于第二梯队，研发人员规模在20万～50万人年；河北省、上海市、安徽省等地区处于第三梯队，研发人员规模在10万～20万人年；青海省、西藏自治区、海南省等地区研发人员规模很小，不到1万人年（图10-3）。

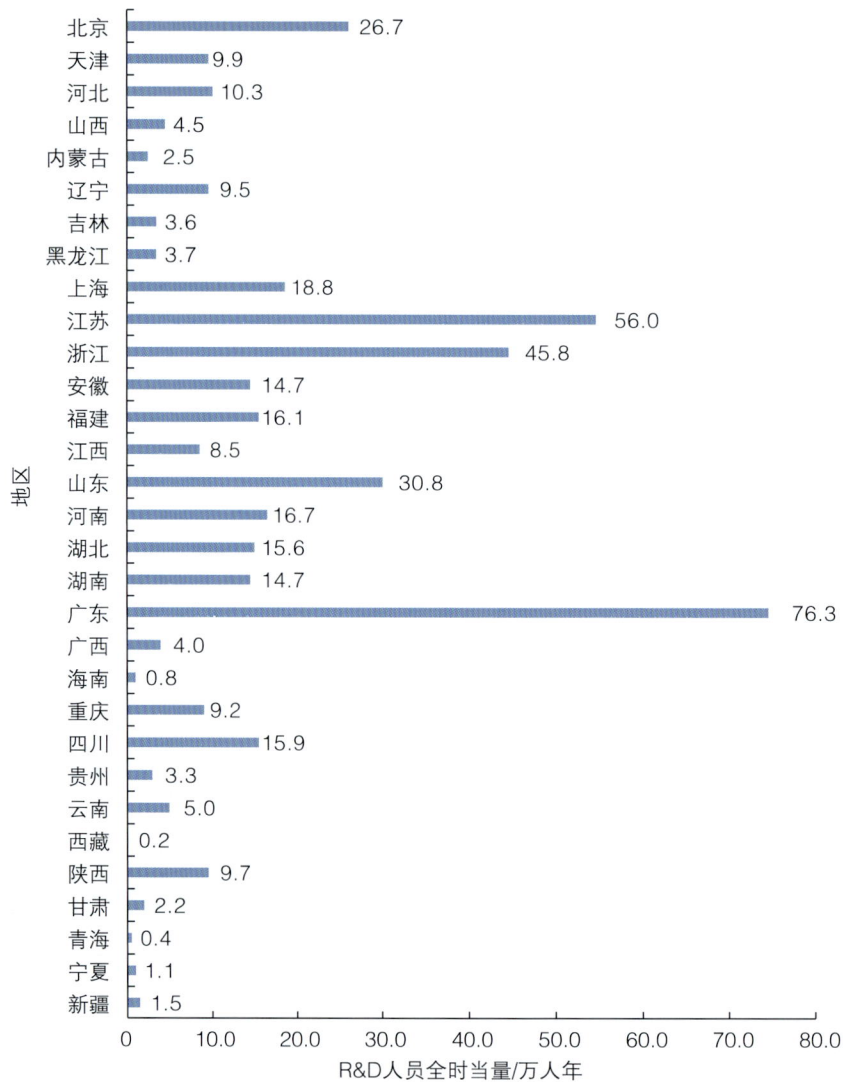

图10-3 各省（区、市）R&D人员全时当量分布（2018年）

（数据来源：《中国科技统计年鉴》）

从各省（区、市）R&D人员全时当量增长情况来看，"十一五"期间，所有地区R&D人员均处于增长态势，其中，有一半以上的地区R&D人员年均增速超过了10.0%。"十二五"期间，大部分地区R&D人员年均增速有所下降，其中，黑龙江省、山西省等4个地区R&D人员出现负增长（表10-2）。"十三五"以来，大部分地区R&D人员增速持续下降，其中，天津市、内蒙古自治区、吉林省、黑龙江省等7个地区R&D人员出现负增长，天津平均每年减少8000余人年，黑龙江省每年减少6000余人年，内蒙古自治区和吉林省每年减少超过4000人年（图10-4）。

表10-2 各省（区、市）R&D人员增长情况

地区	"十一五"（2006—2010年）年均增速	"十二五"（2011—2015年）年均增速	"十三五"以来（2016—2018年）年均增速
全国	13.3%	8.0%	5.2%
北京	2.5%	4.9%	2.8%
天津	11.9%	16.2%	-7.2%
河北	8.4%	11.4%	-1.2%
山西	11.0%	-1.5%	1.3%
内蒙古	12.9%	9.1%	-13.3%
辽宁	5.1%	0.2%	3.7%
吉林	12.1%	1.7%	-9.6%
黑龙江	7.0%	-1.8%	-13.1%
上海	15.0%	4.9%	3.1%
江苏	19.8%	10.5%	2.5%
浙江	22.8%	10.3%	7.9%
安徽	17.7%	15.8%	3.3%
福建	16.5%	10.5%	8.3%
江西	9.6%	6.0%	22.4%
山东	15.9%	9.4%	1.2%
河南	14.7%	9.4%	1.6%
湖北	9.8%	6.7%	4.7%
湖南	13.8%	9.6%	8.6%
广东	23.6%	7.8%	15.0%
广西	13.6%	2.4%	1.5%
海南	31.9%	9.5%	1.9%
重庆	8.5%	10.7%	14.3%
四川	4.8%	6.9%	10.8%
贵州	9.1%	9.3%	12.3%

续表

地区	"十一五"（2006—2010年）年均增速	"十二五"（2011—2015年）年均增速	"十三五"以来（2016—2018年）年均增速
云南	8.8%	11.9%	7.9%
西藏	16.0%	-2.1%	11.6%
陕西	6.4%	4.8%	1.5%
甘肃	5.2%	3.6%	-4.9%
青海	13.4%	-3.8%	2.4%
宁夏	9.5%	7.7%	6.2%
新疆	15.5%	3.3%	-3.9%

数据来源：《中国科技统计年鉴》。

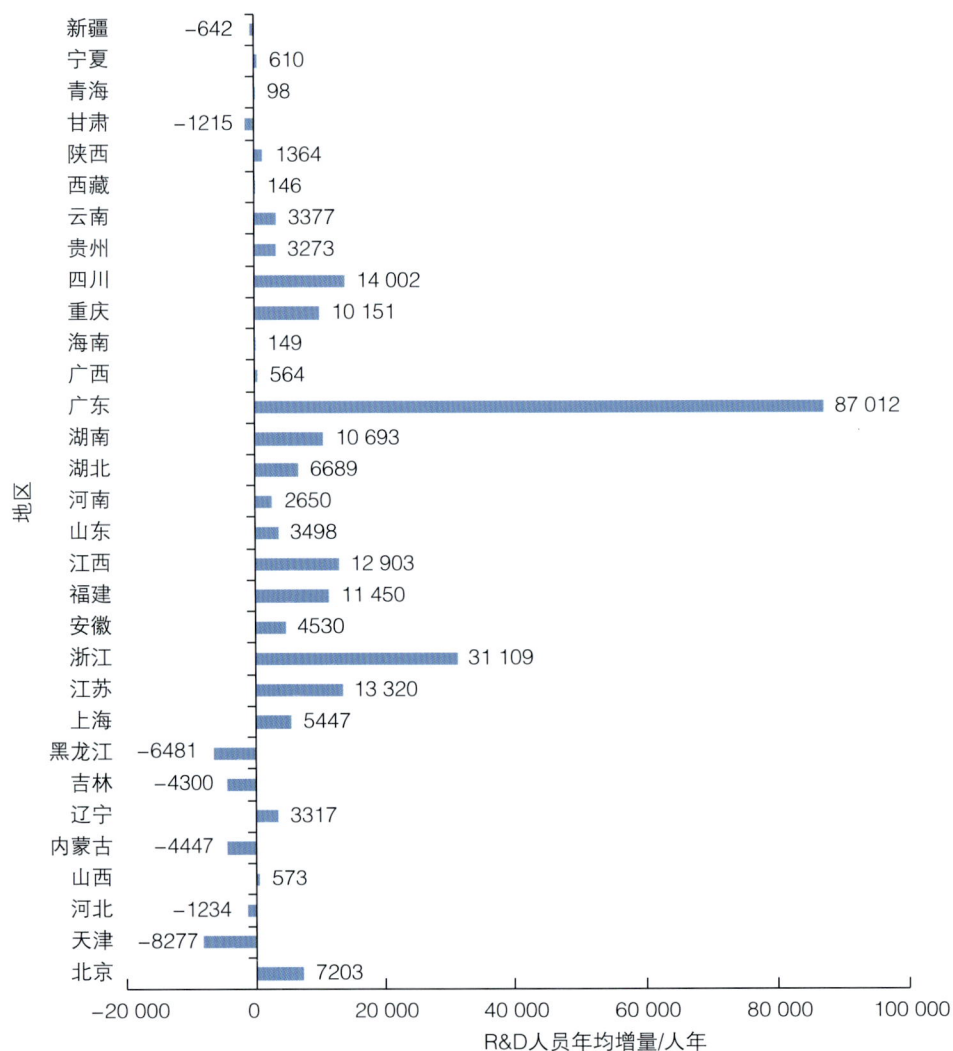

图10-4　"十三五"以来各省（区、市）R&D人员年均增量

（数据来源：《中国科技统计年鉴》）

第二节 各地区R&D研究人员状况

一、西部和东北地区R&D人员中研究人员占比较高

从R&D研究人员区域分布来看，与R&D人员分布相对应，我国R&D研究人员也主要集中在东部地区，地区之间有明显差异。2018年，东部地区R&D研究人员全时当量为116.6万人年，占全国R&D研究人员总量的62.5%；东北地区R&D研究人员最少，全时当量为10.0万人年，占比仅为5.3%；中部和西部地区R&D人员全时当量分别为31.9和28.2万人年，占比分别为17.1%和15.1%（图10-5）。

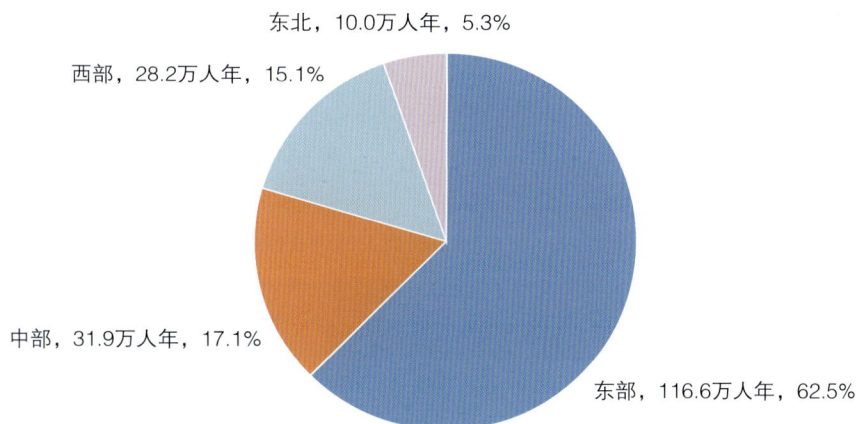

图10-5 R&D研究人员区域分布情况（2018年）

（数据来源：《中国科技统计年鉴》）

从各区域R&D研究人员全时当量在R&D人员全时当量中所占比重来看，西部和东北地区R&D研究人员占比明显高于其他地区。2010年，东北地区R&D研究人员占比超过了60.0%，西部地区也高达57.1%；"十二五"以来两地区R&D研究人员占比仍在一半以上。东部地区R&D研究人员占比最低，"十二五"以来仅为40.0%左右。中部地区R&D研究人员占比"十二五"以来有明显下降，为43.0%左右（图10-6）。

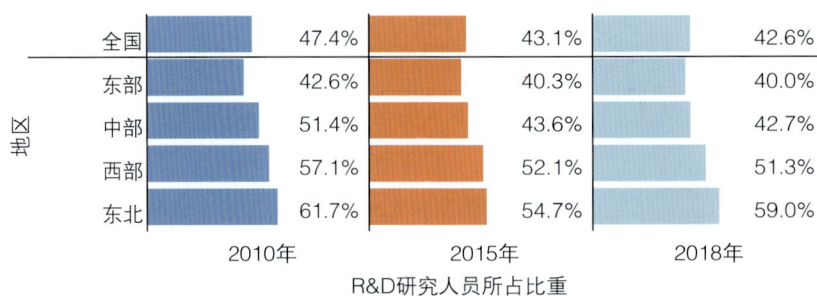

图10-6　各区域R&D研究人员全时当量在R&D人员全时当量中的比重

（数据来源：《中国科技统计年鉴》）

　　从各区域R&D研究人员全时当量增长情况来看，"十二五"期间，东部地区R&D研究人员增长较快，年均增速达到7.8%，中部和西部地区R&D研究人员增速均为5.0%左右，东北地区则出现负增长情况。"十三五"以来，东部和中部地区R&D研究人员持续增长，平均每年分别增加5.7万人年和1.4万人年，但增速有所下降；西部地区R&D研究人员增速略有上升，平均每年增加1.3万人年；东北地区仍持续负增长态势，R&D研究人员平均每年减少0.2万人年（表10-3、图10-7）。

表10-3　区域R&D研究人员增长情况

地区	"十二五"（2011—2015年） 年均增速	"十三五"以来（2016—2018年） 年均增速
全国	6.0%	4.8%
东部	7.8%	5.4%
中部	5.2%	5.0%
西部	4.7%	5.0%
东北	-2.4%	-1.6%

数据来源：《中国科技统计年鉴》。

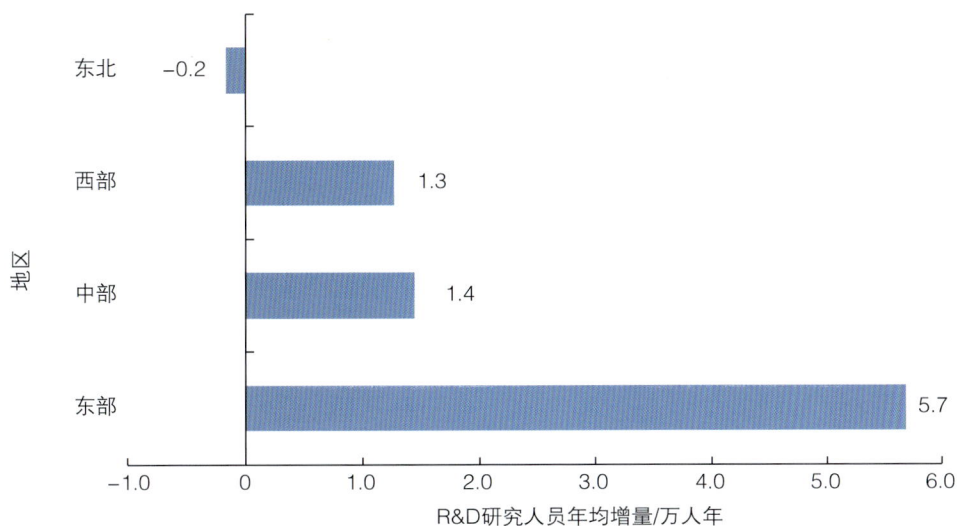

图10-7 "十三五"以来区域R&D研究人员年均增量

（数据来源：《中国科技统计年鉴》）

二、七省（区、市）R&D研究人员减少

从各省（区、市）R&D研究人员分布来看，按照2018年地区R&D研究人员全时当量排序，广东省和江苏省处于第一梯队，R&D研究人员规模超过了20万人年；山东省、北京市、浙江省处于第二梯队，R&D研究人员规模在10万～20万人年；辽宁省、安徽省、福建省等地区处于第三梯队，R&D研究人员规模在5万～10万人年；青海省、西藏自治区、海南省等地区R&D研究人员规模很小，不到0.5万人年（图10-8）。

从各省（区、市）R&D研究人员在R&D人员中的比重来看，2018年黑龙江省、吉林省、北京市、新疆维吾尔自治区、西藏自治区等地区的R&D研究人员占比较高，均超过60.0%；广东省、浙江省、江苏省等东部R&D人员集聚区，R&D研究人员占比则较低，均在40.0%以下（图10-8）。

地区	R&D研究人员全时当量/万人年	R&D研究人员所占比重
全国	186.6	42.6%
北京	16.7	62.6%
天津	4.8	47.9%
河北	4.8	46.6%
山西	2.3	52.4%
内蒙古	1.2	50.0%
辽宁	5.2	54.6%
吉林	2.2	60.9%
黑龙江	2.6	68.6%
上海	9.9	52.4%
江苏	20.6	36.7%
浙江	13.4	29.3%
安徽	6.1	41.7%
福建	6.0	37.2%
江西	3.7	43.0%
山东	12.8	41.6%
河南	6.3	38.0%
湖北	6.7	43.4%
湖南	6.7	45.4%
广东	27.1	35.6%
广西	2.2	55.5%
海南	0.4	51.9%
重庆	3.9	42.0%
四川	8.1	51.0%
贵州	1.4	42.9%
云南	2.4	48.8%
西藏	0.1	66.8%
陕西	5.7	58.9%
甘肃	1.4	63.5%
青海	0.2	53.5%
宁夏	0.5	44.4%
新疆	1.0	64.8%

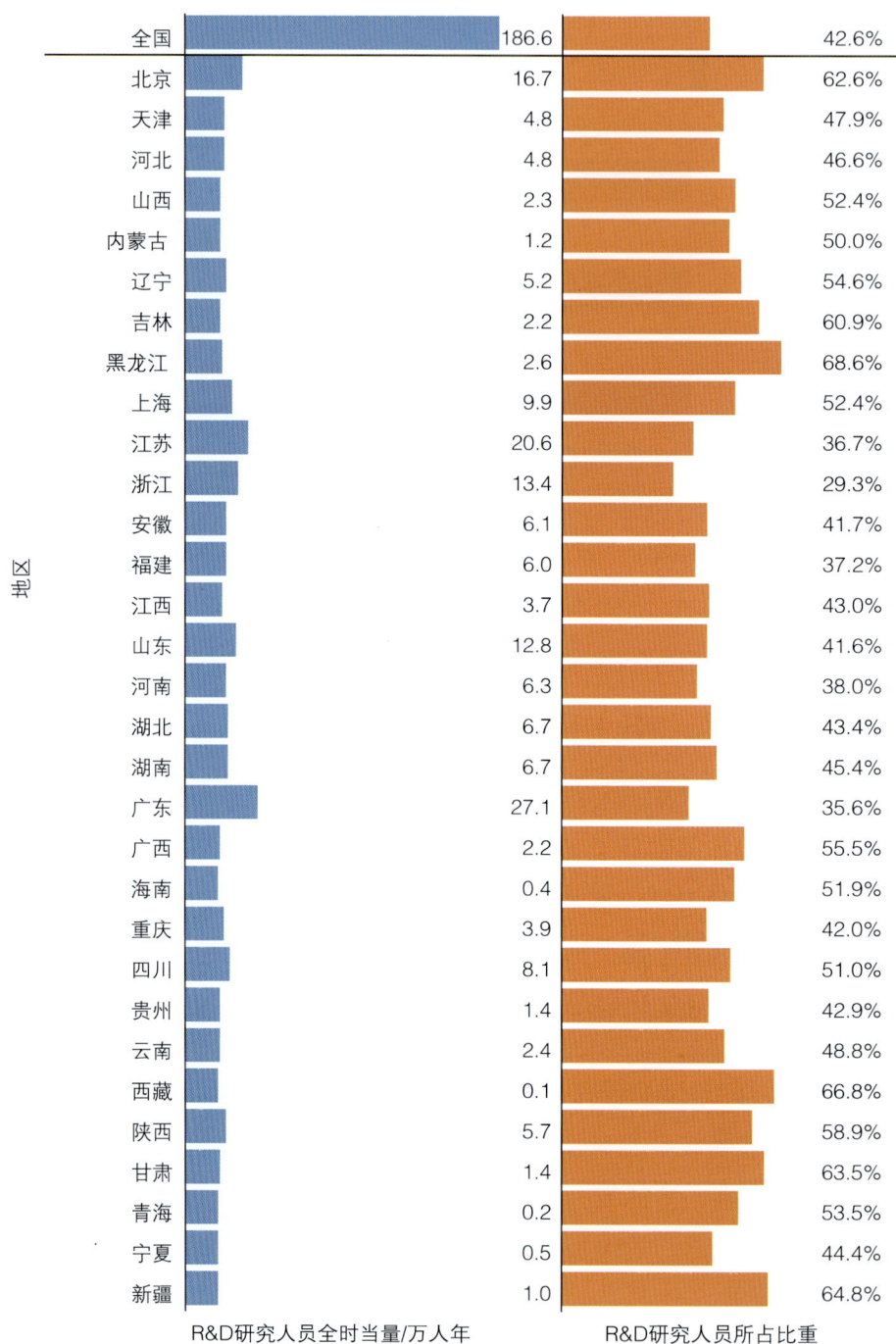

图10-8　各省（区、市）R&D研究人员全时当量在R&D人员全时当量中的比重（2018年）

（数据来源：《中国科技统计年鉴》）

从各省（区、市）R&D研究人员全时当量增长情况来看，"十二五"期间，天津市、江苏省等地区R&D研究人员增长较快，年均增速均超过10.0%，东北三省、山西省等地区则出现负增长情况（表10-4）。"十三五"以来，大多数省（区、市）R&D研究人员持续增长，但增速普遍有所下降，其中，天津市、内蒙古自治区、黑龙江省等7个地区出现负增长情况，黑龙江省R&D研究人员平均每年减少2000余人年，天津市和内蒙古自治区R&D研究人员平均每年减少1000余人年（图10-9）。

表10-4　各省（区、市）R&D研究人员增长情况

地区	"十二五"（2011—2015年）年均增速	"十三五"以来（2016—2018年）年均增速
全国	6.0%	4.8%
北京	7.6%	2.6%
天津	11.0%	-2.1%
河北	4.0%	-0.3%
山西	-3.7%	2.6%
内蒙古	3.0%	-9.6%
辽宁	-1.4%	3.7%
吉林	-3.2%	-4.1%
黑龙江	-3.2%	-8.0%
上海	4.1%	6.5%
江苏	11.2%	2.8%
浙江	9.9%	6.7%
安徽	11.8%	4.2%
福建	9.8%	10.2%
江西	3.2%	18.4%
山东	6.7%	1.2%
河南	4.9%	0.8%
湖北	4.2%	1.0%
湖南	6.7%	9.9%
广东	5.9%	13.2%
广西	0.5%	4.1%
海南	10.0%	8.3%
重庆	7.0%	11.9%

续表

地区	"十二五"（2011—2015年）年均增速	"十三五"以来（2016—2018年）年均增速
四川	8.3%	6.3%
贵州	6.4%	7.4%
云南	9.9%	6.4%
西藏	-2.7%	20.6%
陕西	2.1%	4.3%
甘肃	0.2%	2.1%
青海	-1.4%	-2.8%
宁夏	8.1%	5.7%
新疆	1.0%	-0.2%

数据来源：《中国科技统计年鉴》。

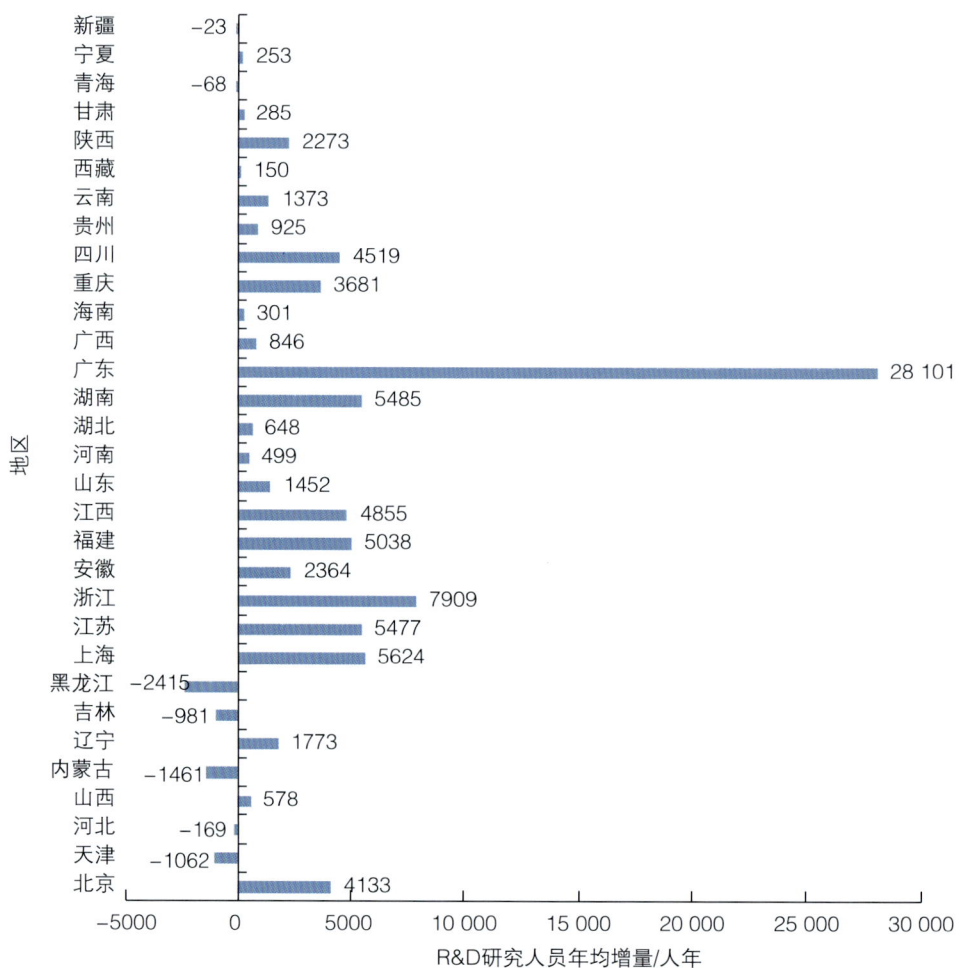

图10-9 "十三五"以来各省（区、市）R&D研究人员年均增量

（数据来源：《中国科技统计年鉴》）

第三节　各地区R&D人员在各类研发活动的投入分布状况

一、东北地区R&D人员中基础研究人员占比较高

从各区域R&D人员在各类研发活动的投入分布状况看，东部地区从事试验发展的R&D人员比重明显高于其他地区，占比高达84.1%；东北地区基础研究R&D人员占比较高，达20.0%，远高于全国7.0%的平均水平和其他地区（图10-10）。

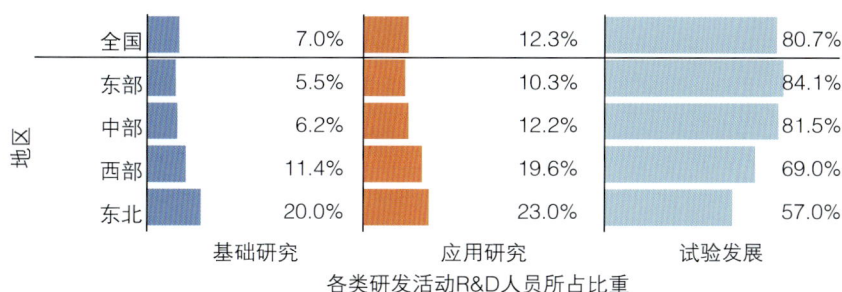

图10-10　区域R&D人员在各类研发活动的投入分布情况（2018年）

（数据来源：《中国科技统计年鉴》）

二、各省（区、市）R&D人员在各类研发活动的投入分布有差异

各省（区、市）按R&D人员在各类研发活动的投入分布大致可以分为3种类型。第一类是试验发展领域R&D人员占绝大部分比例，达到70.0%以上。例如，江苏省和浙江省2018年从事试验发展的R&D人员占比分别达到91.2%和92.8%，从事基础研究的R&D人员占比不到4.0%。第二类是从事试验发展、应用研究、基础研究的R&D人员占比梯次下降，试验发展R&D人员占比在50.0%~60.0%。例如，北京市2018年试验发展R&D人员占比为54.8%，应用研究占比为26.5%，基础研究占比为18.7%。第三类是从事基础研究、应用研究与试验发展的R&D人员占比差异不大，试验发展R&D人员占比在45.0%以下。例如，吉林省2018年试验发展R&D人员占比为39.5%，

应用研究人员占比为33.8%，基础研究人员占比为26.7%（图10-11）。

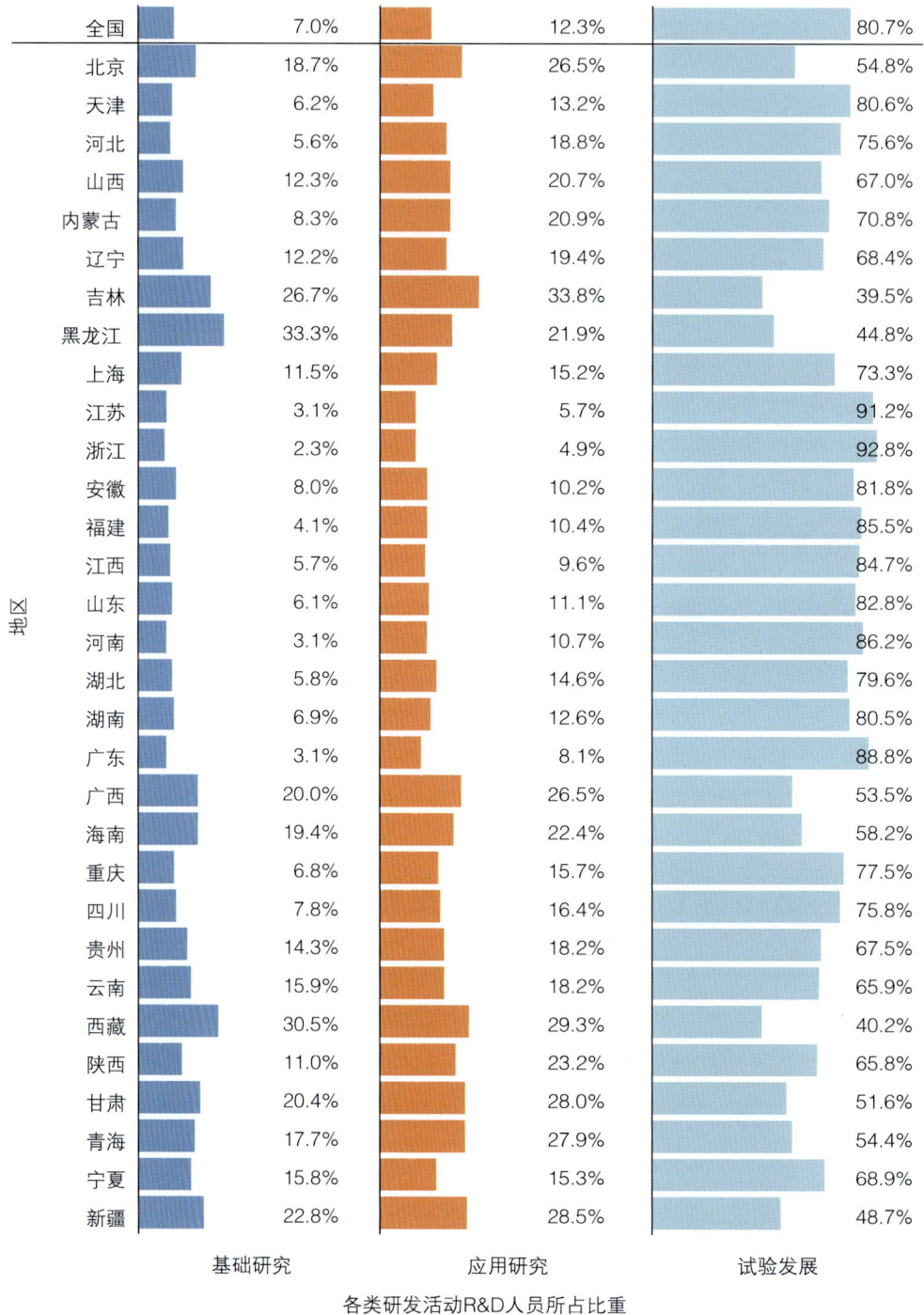

地区	基础研究	应用研究	试验发展
全国	7.0%	12.3%	80.7%
北京	18.7%	26.5%	54.8%
天津	6.2%	13.2%	80.6%
河北	5.6%	18.8%	75.6%
山西	12.3%	20.7%	67.0%
内蒙古	8.3%	20.9%	70.8%
辽宁	12.2%	19.4%	68.4%
吉林	26.7%	33.8%	39.5%
黑龙江	33.3%	21.9%	44.8%
上海	11.5%	15.2%	73.3%
江苏	3.1%	5.7%	91.2%
浙江	2.3%	4.9%	92.8%
安徽	8.0%	10.2%	81.8%
福建	4.1%	10.4%	85.5%
江西	5.7%	9.6%	84.7%
山东	6.1%	11.1%	82.8%
河南	3.1%	10.7%	86.2%
湖北	5.8%	14.6%	79.6%
湖南	6.9%	12.6%	80.5%
广东	3.1%	8.1%	88.8%
广西	20.0%	26.5%	53.5%
海南	19.4%	22.4%	58.2%
重庆	6.8%	15.7%	77.5%
四川	7.8%	16.4%	75.8%
贵州	14.3%	18.2%	67.5%
云南	15.9%	18.2%	65.9%
西藏	30.5%	29.3%	40.2%
陕西	11.0%	23.2%	65.8%
甘肃	20.4%	28.0%	51.6%
青海	17.7%	27.9%	54.4%
宁夏	15.8%	15.3%	68.9%
新疆	22.8%	28.5%	48.7%

各类研发活动R&D人员所占比重

图10-11　各省（区、市）R&D人员在各类研发活动的投入分布情况（2018年）

（数据来源：《中国科技统计年鉴》）

第四节 各地区R&D人员学历结构状况

一、东北地区R&D人员中博士学历占比较高

从各区域R&D人员的学历结构状况看，东北地区具有博士学历的R&D人员比重明显高于全国平均水平和其他地区，从2010年的7.6%上升至2018年的13.9%；东部地区和中部地区具有博士学历的R&D人员占比相对较低，仅为6.0%左右（表10-5）。但从博士学历R&D人员数量增长情况来看，"十三五"以来，东北地区博士学历R&D人员增速大幅下降，从"十二五"期间10.8%的年均增速下降到3.8%，下降了7个百分点，年均增量仅为1374人；中部和西部地区博士学历R&D人员增速则超过10.0%，年均增量超过6000人；东部地区博士学历R&D人员年均增速为7.7%，年均增量达到17 756人（图10-12）。

表10-5 区域R&D人员学历结构情况

地区	2010年			2015年			2018年		
	博士	硕士	本科	博士	硕士	本科	博士	硕士	本科
全国	5.7%	14.0%	30.8%	6.5%	14.7%	29.3%	6.9%	14.9%	41.9%
东部	5.8%	13.3%	30.3%	6.2%	13.7%	29.8%	6.4%	13.7%	41.4%
中部	4.6%	13.1%	29.8%	5.2%	13.3%	28.4%	5.9%	13.5%	42.9%
西部	5.7%	16.2%	34.3%	7.4%	18.8%	29.6%	8.3%	19.3%	43.2%
东北	7.6%	17.5%	30.9%	11.5%	20.7%	25.6%	13.9%	24.0%	41.4%

数据来源：《中国科技统计年鉴》。

全国	31 084	31 627	12.1%	8.2%
东部	18 269	17 756	11.7%	7.7%
中部	4675	6063	12.8%	10.6%
西部	5360	6433	14.0%	10.4%
东北	2779	1374	10.8%	3.8%

| "十二五"（2011—2015年）
博士R&D人员年均增量/人 | "十三五"以来（2016—2018年） | "十二五"（2011—2015年）
博士R&D人员年均增速 | "十三五"以来（2016—2018年） |

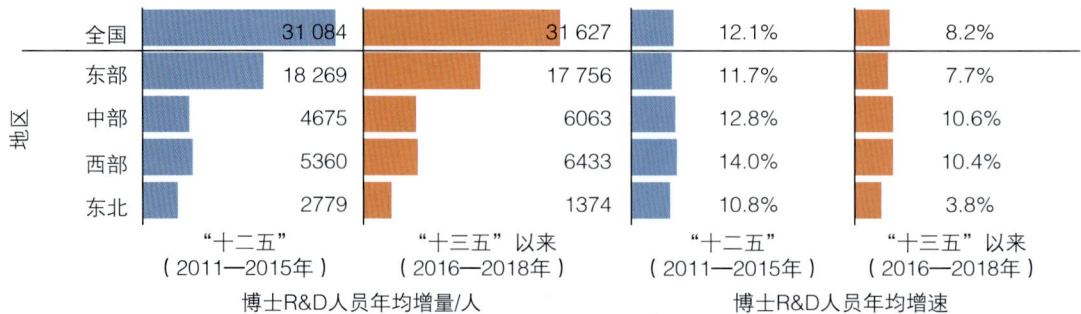

图10-12　区域博士学历R&D人员数量增长情况

（数据来源：《中国科技统计年鉴》）

二、九省（区、市）博士学历R&D人员加快增长

从各省（区、市）R&D人员的学历结构状况看，2018年，吉林省具有博士学历的R&D人员比重明显高于全国平均水平和其他地区，是全国唯一一个超过20.0%的地区；北京市、黑龙江省等地区具有博士学历的R&D人员比重也较高，占比在15.0%～20.0%；浙江省、广东省等地区具有博士学历的R&D人员比重相对较低，占比还不到5.0%（图10-13）。

从各省（区、市）博士学历R&D人员数量增长情况来看，"十三五"以来，在全国R&D人员和R&D研究人员增速明显放缓的同时，江西省、青海省等9个地区博士学历R&D人员增速则有明显上升趋势，广东省、广西壮族自治区、四川省等地区博士学历R&D人员数量保持两位数高速增长，大部分地区研发人员队伍整体素质持续提升（表10-6）。"十三五"以来，广东省博士学历R&D人员平均每年增加超过4000人，北京市、四川省、江苏省等地区博士学历R&D人员平均每年增加超过2000人（图10-14）。

地区	博士	硕士	本科
全国	6.9%	14.9%	41.9%
北京	19.6%	21.3%	45.1%
天津	7.2%	15.1%	51.3%
河北	4.7%	17.6%	42.3%
山西	8.1%	17.8%	46.3%
内蒙古	6.0%	16.8%	46.5%
辽宁	10.7%	18.9%	46.2%
吉林	20.4%	32.4%	30.2%
黑龙江	15.4%	28.1%	40.8%
上海	11.3%	16.4%	49.4%
江苏	4.9%	12.1%	40.5%
浙江	3.8%	8.6%	34.9%
安徽	5.5%	13.9%	39.6%
福建	5.0%	10.9%	44.1%
江西	4.9%	12.1%	42.1%
山东	4.8%	13.1%	44.9%
河南	4.0%	12.7%	40.4%
湖北	7.8%	12.6%	43.8%
湖南	6.3%	14.5%	47.3%
广东	3.9%	14.2%	38.7%
广西	9.3%	25.6%	41.8%
海南	12.4%	23.1%	31.5%
重庆	6.2%	14.2%	45.3%
四川	9.1%	19.8%	42.5%
贵州	5.7%	15.5%	36.7%
云南	7.3%	17.6%	44.2%
西藏	9.4%	41.3%	33.5%
陕西	9.6%	22.0%	46.3%
甘肃	13.1%	23.1%	40.6%
青海	8.4%	18.4%	45.1%
宁夏	6.1%	14.2%	41.1%
新疆	9.6%	26.3%	37.9%

各学历R&D人员所占比重

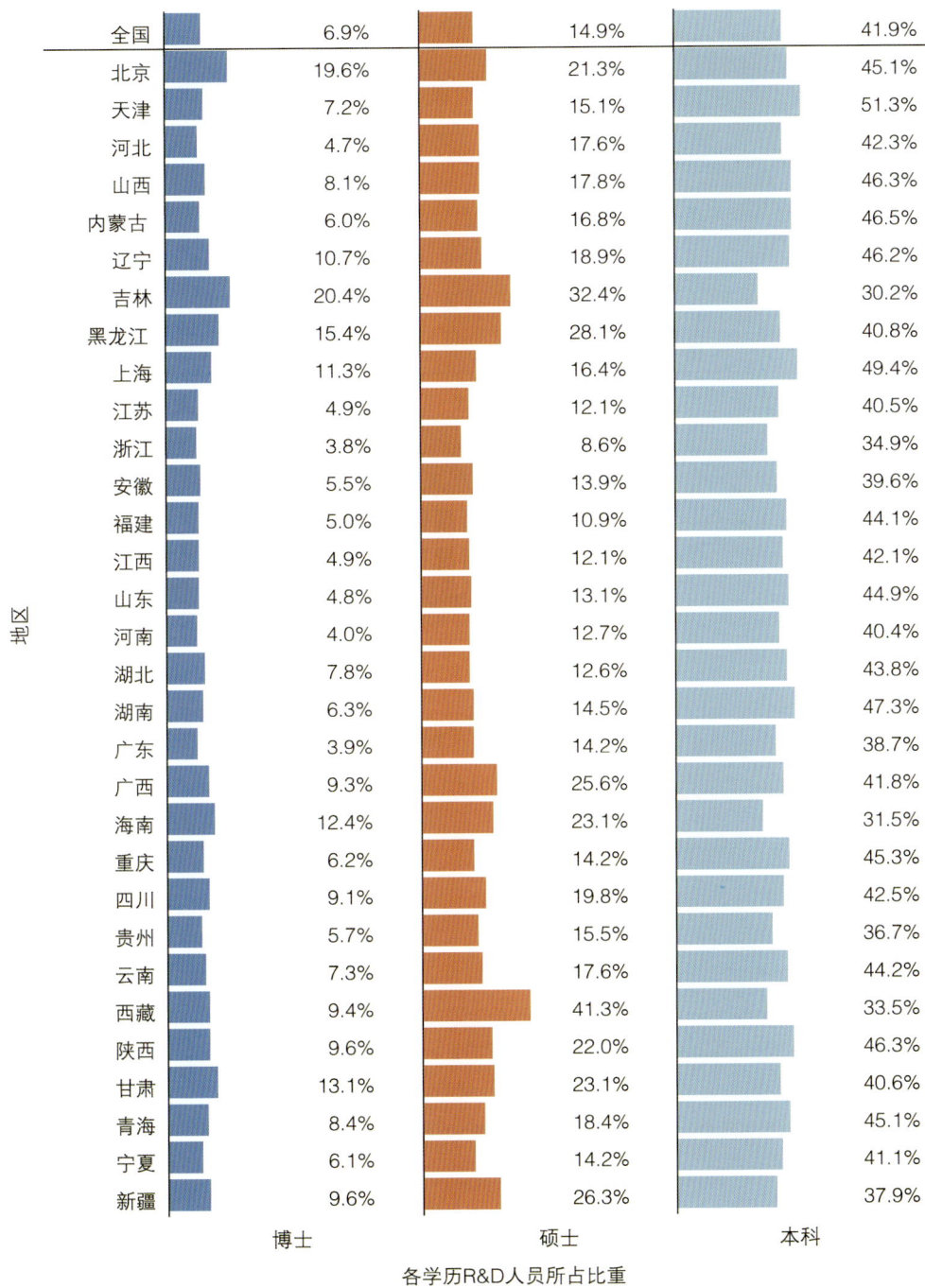

图10-13　各省（区、市）R&D人员学历结构情况（2018年）

（数据来源：《中国科技统计年鉴》）

表10-6　各省（区、市）博士学历R&D人员增长情况

地区	"十二五"（2011—2015年）年均增速	"十三五"以来（2016—2018年）年均增速
全国	12.1%	8.2%
北京	9.1%	3.4%
天津	11.2%	4.4%
河北	14.5%	10.0%
山西	13.2%	11.1%
内蒙古	7.3%	9.0%
辽宁	9.1%	5.6%
吉林	12.7%	1.1%
黑龙江	11.0%	5.0%
上海	7.8%	5.2%
江苏	16.3%	7.7%
浙江	14.0%	9.8%
安徽	20.9%	6.1%
福建	17.7%	12.4%
江西	13.9%	17.8%
山东	12.1%	12.2%
河南	14.7%	9.4%
湖北	6.9%	12.6%
湖南	13.7%	10.2%
广东	14.8%	14.5%
广西	12.0%	11.9%
海南	15.7%	18.6%
重庆	11.1%	11.5%
四川	18.1%	12.5%
贵州	17.6%	8.4%
云南	16.7%	0.3%
西藏	15.2%	9.7%
陕西	9.6%	14.2%
甘肃	12.5%	10.1%
青海	9.3%	14.0%
宁夏	14.6%	19.7%
新疆	21.0%	-1.4%

数据来源：《中国科技统计年鉴》。

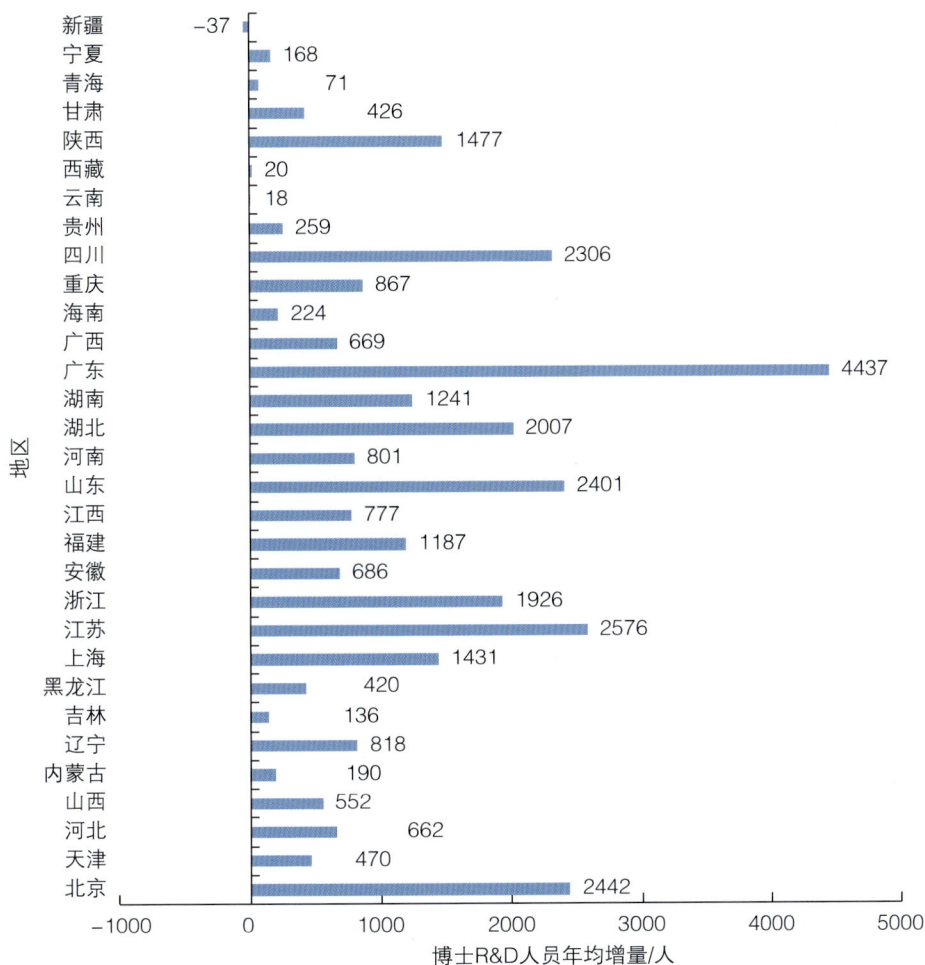

图10-14 "十三五"以来各省（区、市）博士学历R&D人员年均增量

（数据来源：《中国科技统计年鉴》）

第五节 各地区产业R&D人员状况

一、东部地区规上工业企业R&D人员占七成

从规上工业企业R&D人员的区域分布状况看，我国规上工业企业R&D人员主要集中在经济较为发达的东部地区，地区之间存在明显差异。2018年，东部地区规

上工业企业R&D人员全时当量为208.8万人年，占全国规上工业企业R&D人员总量的70.0%；东北地区规上工业企业R&D人员最少，全时当量为7.7万人年，占比仅为2.6%；中部和西部地区规上工业企业R&D人员全时当量分别为53.7万人年和27.9万人年，占比分别为18.0%和9.4%（图10-15）。

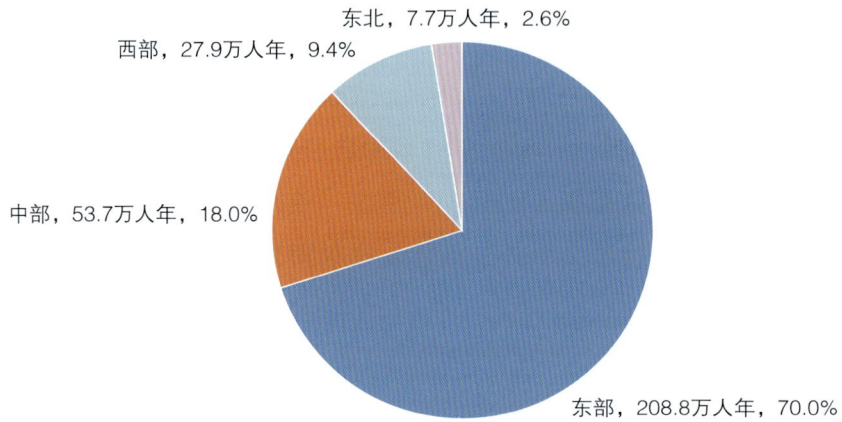

图10-15 全国规上工业企业R&D人员区域分布情况（2018年）

（数据来源：《中国科技统计年鉴》）

从各区域规上工业企业R&D研究人员在R&D人员中所占比重来看，西部和东北地区规上工业企业R&D研究人员占比明显高于其他地区。2018年，东北地区规上工业企业R&D人员中研究人员占比近40.0%，西部地区占比近35.0%，东部和中部地区占比分别为30.2%和32.8%（图10-16）。

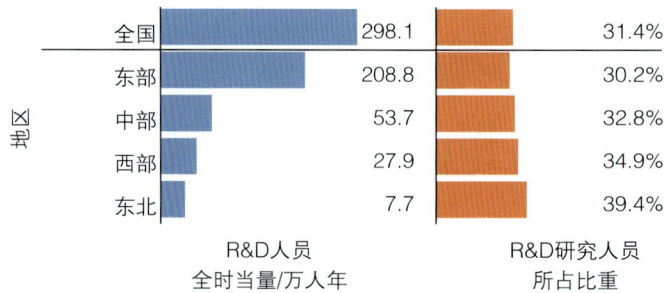

图10-16 区域规上工业企业R&D人员全时当量与研究人员占比情况（2018年）

（数据来源：《中国科技统计年鉴》）

从各区域规上工业企业R&D人员全时当量增长情况来看，"十三五"以来，中部地区规上工业企业R&D人员和R&D研究人员增长均较快，年均增速分别为5.4%和4.1%；东北地区规上工业企业R&D人员和R&D研究人员则均出现负增长情况，平均每年均减少9.4%，规上工业企业R&D人员平均每年减少近9000人年，R&D研究人员平均每年减少约3500人年（表10-7、图10-17）。

表10-7 "十三五"以来区域规上工业企业R&D人员与研究人员全时当量增长情况

地区	"十三五"以来（2016—2018年）年均增量/人年		"十三五"以来（2016—2018年）年均增速	
	R&D人员	R&D研究人员	R&D人员	R&D研究人员
全国	114 315	18 566	4.2%	2.1%
东部	88 529	13 918	4.6%	2.3%
中部	26 179	6752	5.4%	4.1%
西部	8505	1406	3.3%	1.5%
东北	-8898	-3509	-9.4%	-9.4%

数据来源：《中国科技统计年鉴》。

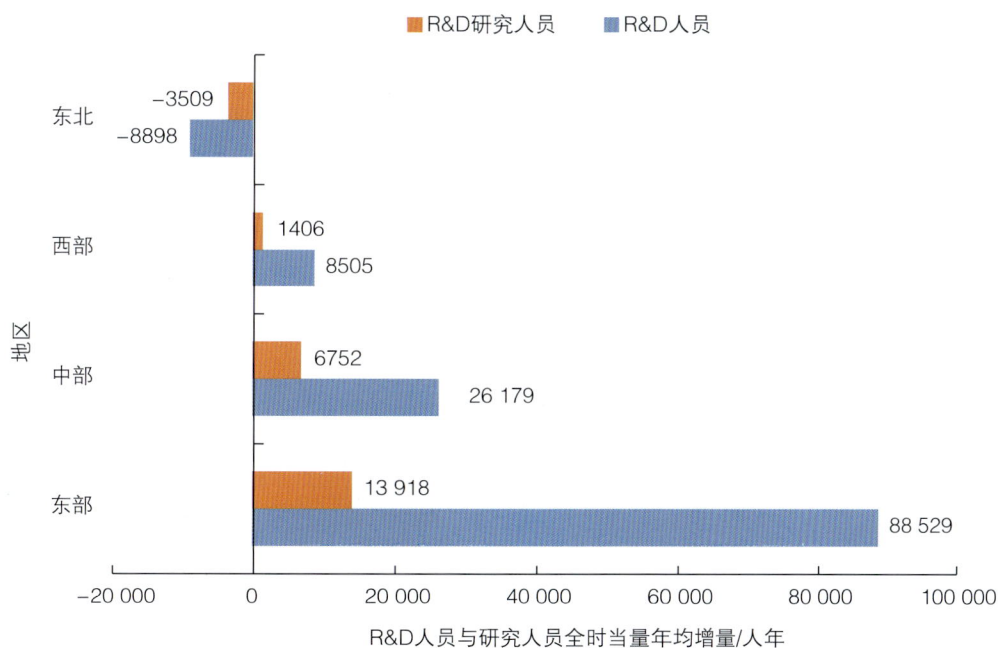

图10-17 "十三五"以来区域规上工业企业R&D人员与研究人员全时当量年均增量

（数据来源：《中国科技统计年鉴》）

二、超一半省（区、市）规上工业R&D人员出现负增长

从各省（区、市）规上工业企业R&D人员分布状况看，地区之间差异很大。2018年，广东省规上工业企业R&D人员全时当量达到62.2万人年，远远超过其他地区；江苏省和浙江省规上工业企业R&D人员全时当量为40.0万人年左右；海南省、甘肃省等地区规上工业企业R&D人员全时当量则不足1.0万人年。北京市、上海市、黑龙江省、陕西省等地区规上工业企业R&D人员中研究人员占比较高，超过40.0%；浙江省、福建省等地区规上工业企业R&D人员中研究人员占比较低，不足30.0%（图10-18）。

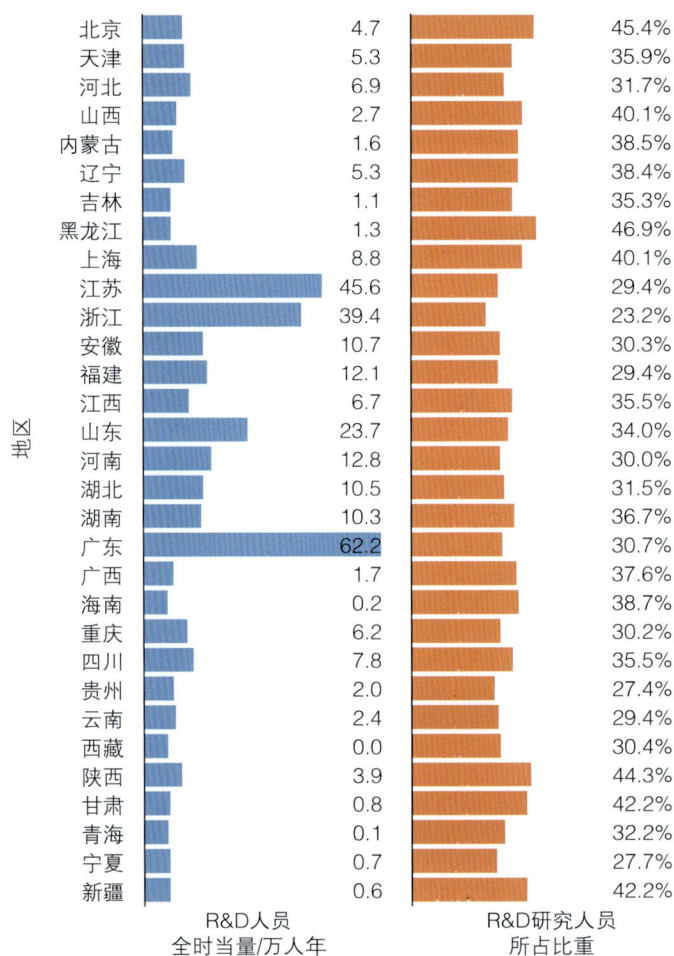

地区	R&D人员全时当量/万人年	R&D研究人员所占比重
北京	4.7	45.4%
天津	5.3	35.9%
河北	6.9	31.7%
山西	2.7	40.1%
内蒙古	1.6	38.5%
辽宁	5.3	38.4%
吉林	1.1	35.3%
黑龙江	1.3	46.9%
上海	8.8	40.1%
江苏	45.6	29.4%
浙江	39.4	23.2%
安徽	10.7	30.3%
福建	12.1	29.4%
江西	6.7	35.5%
山东	23.7	34.0%
河南	12.8	30.0%
湖北	10.5	31.5%
湖南	10.3	36.7%
广东	62.2	30.7%
广西	1.7	37.6%
海南	0.2	38.7%
重庆	6.2	30.2%
四川	7.8	35.5%
贵州	2.0	27.4%
云南	2.4	29.4%
西藏	0.0	30.4%
陕西	3.9	44.3%
甘肃	0.8	42.2%
青海	0.1	32.2%
宁夏	0.7	27.7%
新疆	0.6	42.2%

图10-18　各省（区、市）规上工业企业R&D人员全时当量与研究人员占比情况（2018年）

（数据来源：《中国科技统计年鉴》）

从各省（区、市）规上工业企业R&D人员全时当量增长情况来看，"十三五"以来，超过一半的地区规上工业企业R&D人员出现负增长情况，超过1/3的地区规上工业企业R&D研究人员出现负增长情况，天津市规上工业企业R&D人员平均每年减少1.0万余人年，黑龙江省规上工业企业R&D人员平均每年减少6000余人年；天津市规上工业企业R&D研究人员平均每年减少3000余人年，黑龙江省和山东省规上工业企业R&D研究人员平均每年减少2000余人年（表10-8）。

表10-8 "十三五"以来各省（区、市）规上工业企业R&D人员与研究人员全时当量增长情况

地区	"十三五"以来（2016—2018年）年均增量/人年		"十三五"以来（2016—2018年）年均增速	
	R&D人员	R&D研究人员	R&D人员	R&D研究人员
全国	114 315	18 566	4.2%	2.1%
北京	-1281	207	-2.6%	1.0%
天津	-10 337	-3014	-14.2%	-12.1%
河北	-3499	-1965	-4.6%	-7.6%
山西	-566	152	-2.0%	1.4%
内蒙古	-4471	-1555	-18.5%	-17.3%
辽宁	1345	57	2.7%	0.3%
吉林	-4026	-1038	-21.7%	-17.7%
黑龙江	-6217	-2528	-25.5%	-23.5%
上海	-2322	-420	-2.5%	-1.2%
江苏	4742	-864	1.1%	-0.6%
浙江	25 825	2651	7.6%	3.1%
安徽	3318	721	3.3%	2.3%
福建	7181	1427	6.8%	4.4%
江西	12 024	4161	29.1%	27.9%
山东	-1627	-2610	-0.7%	-3.0%
河南	-999	-1250	-0.8%	-3.1%
湖北	6076	341	6.6%	1.1%
湖南	6326	2627	7.0%	8.1%
广东	70 297	18 712	14.8%	12.3%
广西	-591	-127	-3.2%	-1.9%
海南	-451	-206	-16.0%	-18.0%
重庆	5609	919	11.1%	5.5%

续表

地区	"十三五"以来（2016—2018年）年均增量/人年		"十三五"以来（2016—2018年）年均增速	
	R&D人员	R&D研究人员	R&D人员	R&D研究人员
四川	7002	1727	11.1%	7.2%
贵州	1708	89	10.3%	1.7%
云南	2556	741	13.7%	13.4%
西藏	94	26	96.4%	70.4%
陕西	-1912	157	-4.4%	0.9%
甘肃	-1517	-428	-13.9%	-10.2%
青海	-43	-67	-3.4%	-13.3%
宁夏	530	-31	8.9%	-1.5%
新疆	-461	-45	-6.9%	-1.8%

数据来源：《中国科技统计年鉴》。

三、东部地区高技术产业R&D人员占比超七成

从高技术产业R&D人员的区域分布状况看，我国高技术产业R&D人员主要集中在经济较为发达的东部地区，地区之间存在明显差异。2018年，东部地区高技术产业R&D人员全时当量为64.4万人年，占全国高技术产业R&D人员总量的75.6%；东北地区高技术产业R&D人员全时当量最少，为1.4万人年，占比仅为1.7%；中部和西部地区高技术产业R&D人员全时当量分别为11.3万人年和8.1万人年，占比分别为13.2%和9.5%（图10-19）。

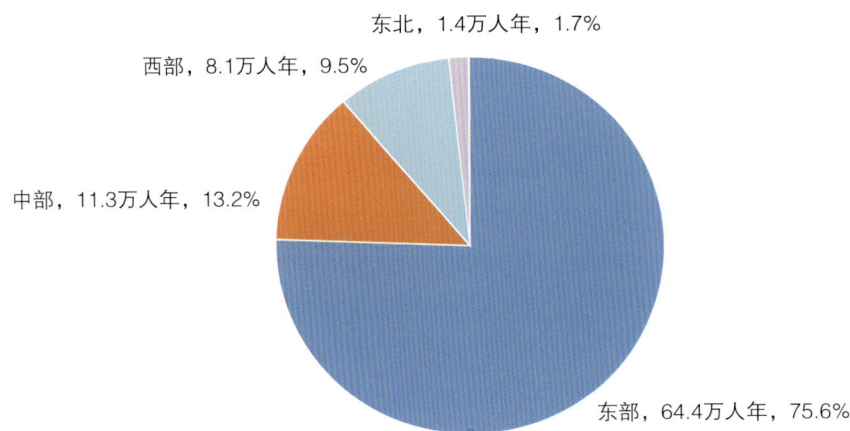

图10-19 高技术产业R&D人员区域分布情况（2018年）

（数据来源：《中国科技统计年鉴》）

从各区域高技术产业R&D人员在R&D人员中所占比重来看，东部地区高技术产业R&D人员占比明显高于其他地区，2018年，比重已达到22.1%，其他地区均在20.0%以下，东北地区则在10.0%以下。中部地区高技术产业R&D人员所占比重增加最多，从2010年的8.6%上升至2018年的15.1%，增加了6.5个百分点（图10-20）。

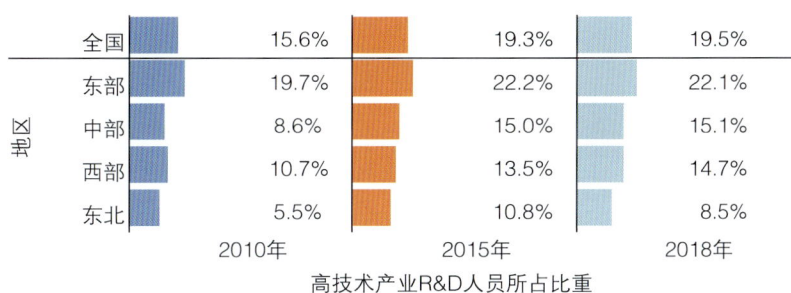

图10-20　区域高技术产业R&D人员在地区R&D人员总量中的比重情况

（数据来源：《中国科技统计年鉴》）

从各区域高技术产业R&D人员全时当量增长情况来看，"十二五"期间，四大区域高技术产业R&D人员均增长较快，年均增速均在10.0%以上，中部地区超过20.0%；"十三五"以来，高技术产业R&D人员增长均明显放缓，其中，东北地区还出现了较为明显的负增长情况，高技术产业R&D人员平均每年减少0.2万人年（表10-9、图10-21）。

表10-9　区域高技术产业R&D人员增长情况

地区	"十二五"（2011—2015年）年均增速	"十三五"以来（2016—2018年）年均增速
全国	12.7%	5.5%
东部	11.6%	5.5%
中部	21.4%	6.0%
西部	11.8%	8.6%
东北	14.2%	-11.2%

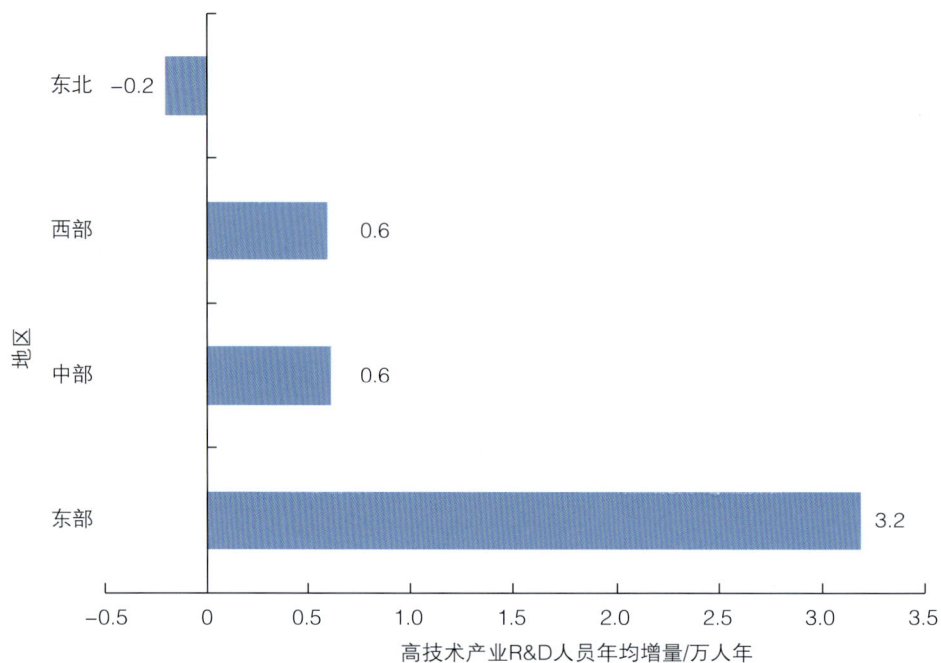

图10-21 "十三五"以来区域高技术产业R&D人员年均增量

（数据来源：《中国科技统计年鉴》）

四、近一半省（区、市）高技术产业R&D人员出现负增长

从各省（区、市）高技术产业R&D人员分布状况看，地区之间差异很大。按照2018年地区高技术产业R&D人员全时当量规模排序，广东省和江苏省处于第一梯队，高技术产业R&D人员全时当量超过10万人年；浙江省处于第二梯队，高技术产业R&D人员全时当量为5万～10万人年；北京市、上海市、河北省等地区处于第三梯队，高技术产业R&D人员全时当量为1万～5万人年；青海省、宁夏回族自治区、西藏自治区、新疆维吾尔自治区等地区高技术产业R&D人员全时当量不足1000人年（图10-22）。

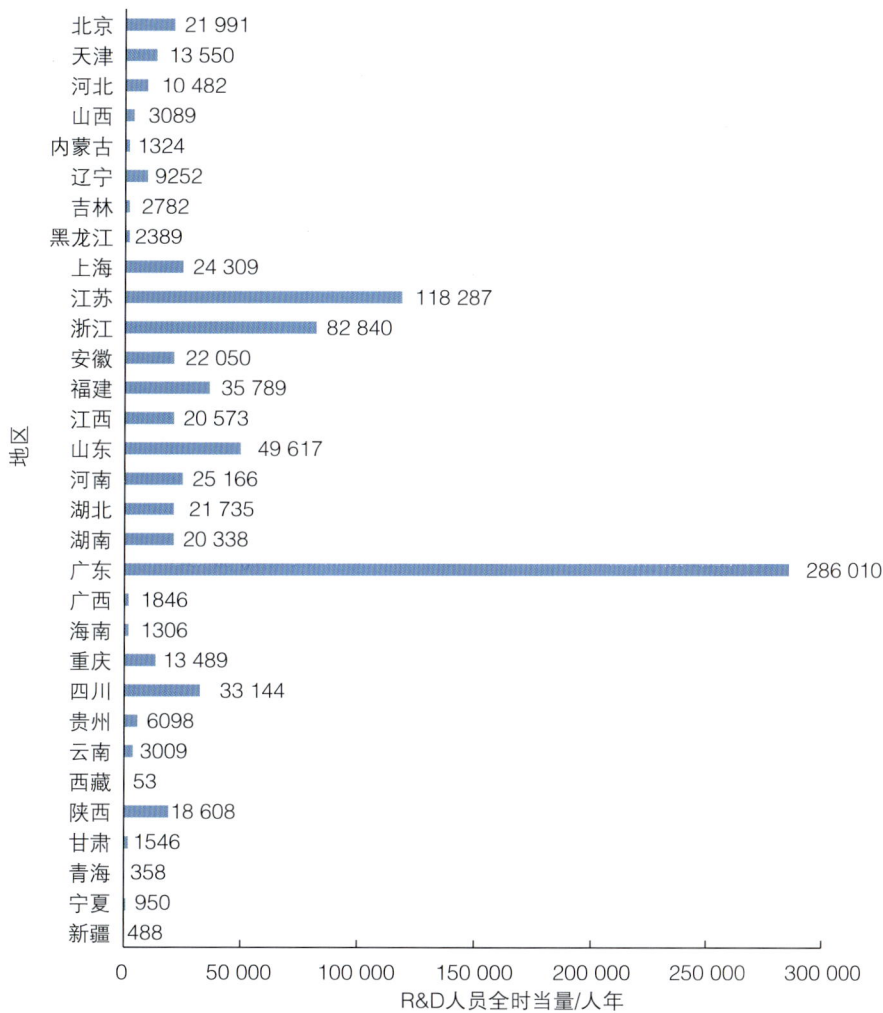

图10-22　各省（区、市）高技术产业R&D人员分布情况（2018年）

（数据来源：《中国科技统计年鉴》）

从各省（区、市）高技术产业R&D人员在R&D人员中所占比重来看，2010年，广东省和贵州省高技术产业R&D人员占比分别为45.3%和32.7%，远高于全国15.6%的平均水平和其他地区。2018年，广东省高技术产业R&D人员占比下降了近8个百分点，贵州省下降了14.4个百分点，除广东省外，高技术产业R&D人员占比超过20.0%的还有江苏省、福建省、江西省和四川省（图10-23）。

地区	2010年	2015年	2018年
全国	15.6%	19.3%	19.5%
北京	4.4%	9.1%	8.2%
天津	11.5%	19.8%	13.6%
河北	10.6%	12.8%	10.1%
山西	2.4%	5.2%	6.9%
内蒙古	0.9%	2.9%	5.3%
辽宁	4.8%	11.8%	9.7%
吉林	3.6%	6.2%	7.6%
黑龙江	8.0%	13.2%	6.4%
上海	14.3%	15.9%	12.9%
江苏	20.4%	20.9%	21.1%
浙江	11.0%	19.1%	18.1%
安徽	10.4%	11.9%	15.0%
福建	18.3%	20.9%	22.2%
江西	15.6%	21.7%	24.1%
山东	8.2%	17.0%	16.1%
河南	7.2%	12.9%	15.1%
湖北	10.7%	17.5%	14.0%
湖南	6.8%	19.4%	13.8%
广东	45.3%	40.5%	37.5%
广西	3.3%	5.9%	4.6%
海南	8.0%	19.4%	16.0%
重庆	10.8%	15.8%	14.7%
四川	13.9%	16.1%	20.9%
贵州	32.7%	27.1%	18.3%
云南	4.4%	5.9%	6.1%
西藏	0.8%	1.1%	3.4%
陕西	16.4%	21.9%	19.2%
甘肃	3.4%	4.3%	7.0%
青海	0.5%	2.0%	8.3%
宁夏	6.4%	8.7%	8.6%
新疆	0.8%	2.3%	3.2%

高技术产业R&D人员所占比重

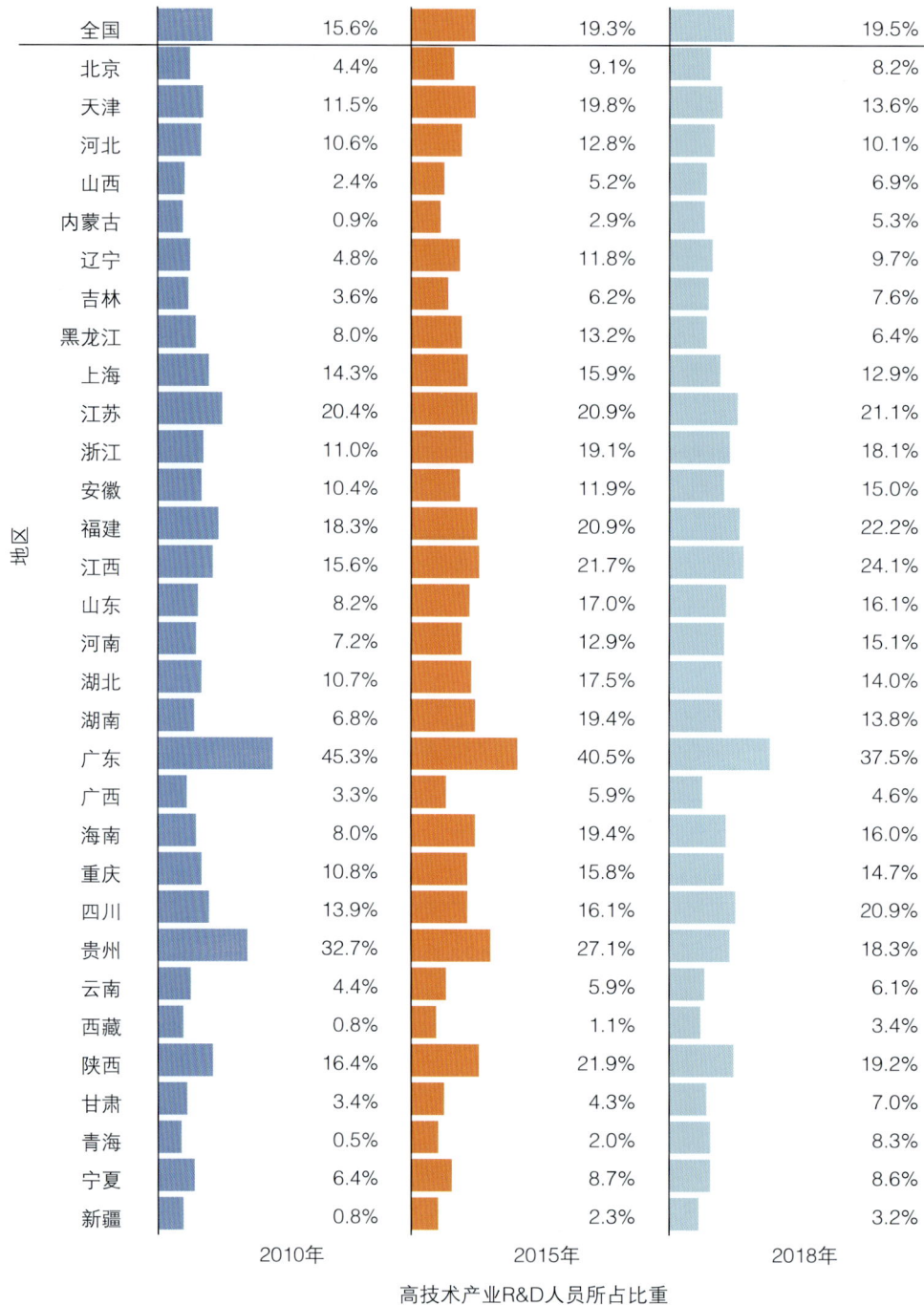

图10-23 各省（区、市）高技术产业R&D人员在地区R&D人员总量中的比重情况

（数据来源：《中国科技统计年鉴》）

从各省（区、市）高技术产业R&D人员全时当量增长情况来看，"十三五"以来，近一半的地区高技术产业R&D人员出现负增长情况。天津市高技术产业R&D人员平均每年减少3000余人年，黑龙江省、河北省、上海市高技术产业R&D人员平均每年减少1000余人年（表10-10、图10-24）。

表10-10　各省（区、市）高技术产业R&D人员增长情况

地区	"十二五"（2011—2015年）年均增速	"十三五"以来（2016—2018年）年均增速
全国	12.7%	5.5%
北京	21.5%	-0.5%
天津	29.6%	-18.1%
河北	15.6%	-8.5%
山西	15.3%	11.4%
内蒙古	37.3%	6.1%
辽宁	20.1%	-2.9%
吉林	13.1%	-2.9%
黑龙江	8.7%	-31.6%
上海	7.3%	-3.9%
江苏	11.0%	2.8%
浙江	23.3%	5.9%
安徽	18.9%	11.5%
福建	13.5%	10.6%
江西	13.3%	26.8%
山东	26.6%	-0.8%
河南	23.1%	7.0%
湖北	17.7%	-2.8%
湖南	35.1%	-3.1%
广东	5.4%	12.1%
广西	15.0%	-6.3%
海南	30.8%	-4.5%
重庆	19.4%	11.6%
四川	10.0%	20.9%
贵州	5.3%	-1.5%
云南	18.3%	9.0%
西藏	4.4%	62.4%
陕西	11.0%	-2.8%

续表

地区	"十二五"（2011—2015年）年均增速	"十三五"以来（2016—2018年）年均增速
甘肃	9.0%	11.4%
青海	29.8%	63.6%
宁夏	14.6%	5.7%
新疆	28.3%	7.3%

数据来源：《中国科技统计年鉴》。

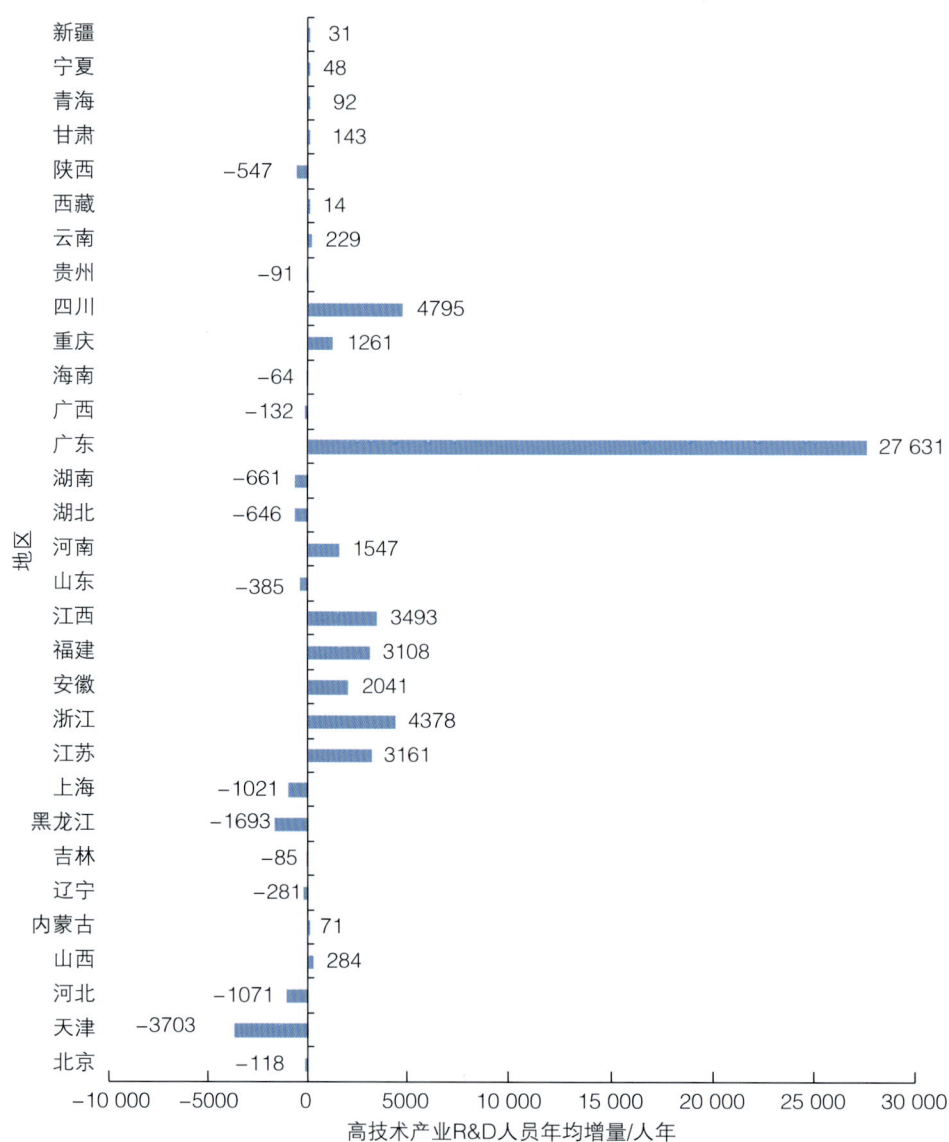

图10-24　"十三五"以来各省（区、市）高技术产业R&D人员年均增量

（数据来源：《中国科技统计年鉴》）

第六节　各地区女性研发人员状况

一、东北地区R&D人员中女性占比较高

从各区域女性R&D人员数量在区域R&D人员总量中的占比情况看，东北地区女性R&D人员比重明显高于全国平均水平和其他地区，从2010年的29.7%上升至2018年的33.6%；东部地区和中部地区女性R&D人员占比相对较低，2018年比重分别为26.4%和24.8%，低于全国平均水平（图10-25）。但从女性R&D人员数量增长情况来看，"十三五"以来，东北地区女性R&D人员增速有所下降，出现负增长情况，女性R&D人员平均每年减少1000余人；东部和中部地区女性R&D人员增速则达到7.0%左右，东部女性R&D人员每年增加超过7万人（表10-11、图10-26）。

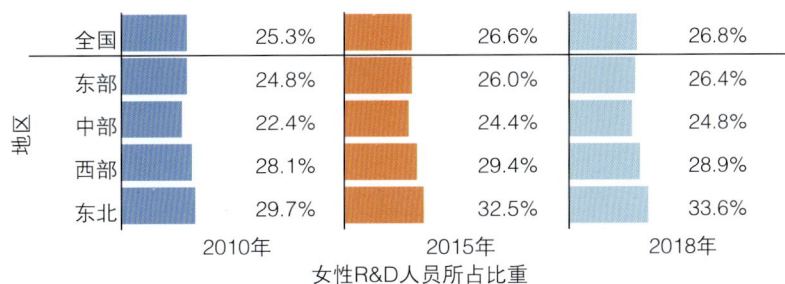

图10-25　区域女性R&D人员在R&D人员总量中的占比情况

（数据来源：《中国科技统计年鉴》）

表10-11　区域女性R&D人员增长情况

地区	"十二五"（2011—2015年）年均增速	"十三五"以来（2016—2018年）年均增速
全国	10.2%	6.5%
东部	11.0%	7.4%
中部	11.9%	6.7%
西部	9.1%	5.9%
东北	3.7%	-1.4%

数据来源：《中国科技统计年鉴》。

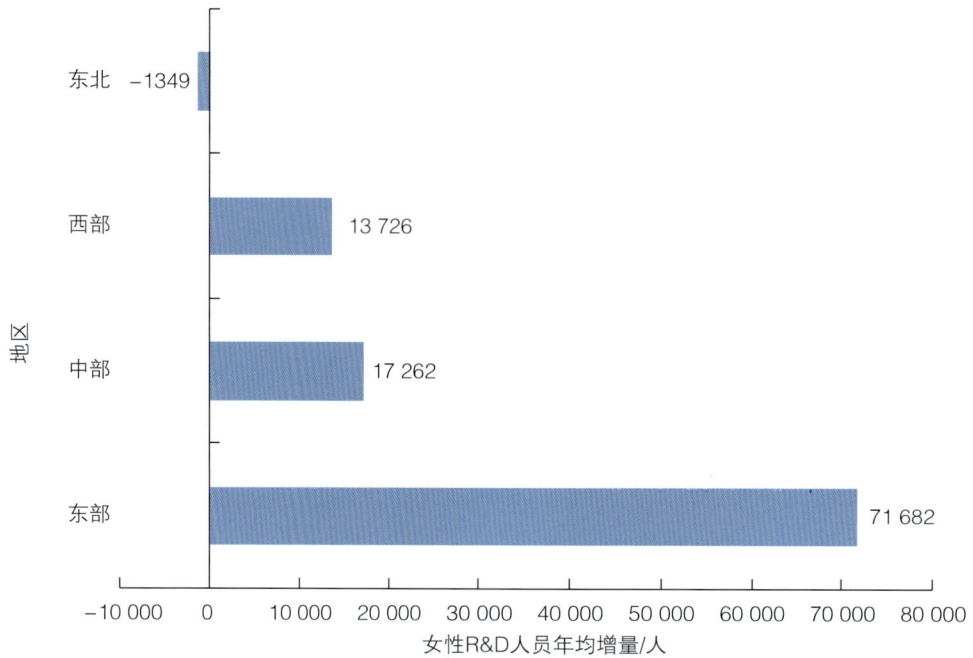

图10-26 "十三五"以来区域女性R&D人员年均增量

（数据来源：《中国科技统计年鉴》）

二、八省（区、市）女性R&D人员加快增长

从各省（区、市）R&D人员中女性占比情况看，2018年，吉林省女性R&D人员比重高达39.7%，明显高于全国26.8%的平均水平；黑龙江省、海南省等地区比重也较高，占比在30.0%以上。广东省、安徽省等地区女性R&D人员比重相对较低，占比还不到25.0%（图10-27）。

从各省（区、市）女性R&D人员数量增长情况来看，"十三五"以来，在全国R&D人员增速放缓的同时，全国仍有8个地区女性R&D人员增速加快，其中，江西省、广东省、西藏自治区等地区女性R&D人员出现两位数高速增长。广东省女性R&D人员平均每年增加超过2万人，浙江省平均每年增加超过1万人，北京市和江苏省平均每年增加超过9000人（表10-12、图10-28）。

地区	2010年	2015年	2018年
全国	25.3%	26.6%	26.8%
北京	33.4%	31.3%	34.9%
天津	28.0%	27.1%	28.2%
河北	29.0%	29.0%	29.6%
山西	23.6%	29.2%	27.6%
内蒙古	31.4%	30.7%	30.9%
辽宁	29.4%	30.1%	29.8%
吉林	31.0%	37.5%	39.7%
黑龙江	28.9%	31.5%	36.9%
上海	26.5%	27.6%	29.0%
江苏	21.3%	24.7%	25.2%
浙江	23.6%	25.3%	25.0%
安徽	19.3%	20.6%	22.3%
福建	24.4%	26.2%	26.7%
江西	24.8%	25.9%	26.0%
山东	25.6%	27.1%	27.4%
河南	22.2%	24.3%	25.1%
湖北	22.0%	24.6%	24.9%
湖南	24.1%	26.4%	25.4%
广东	21.0%	22.8%	22.8%
广西	28.2%	31.1%	33.3%
海南	29.1%	32.7%	38.1%
重庆	26.8%	25.9%	26.6%
四川	25.5%	28.7%	26.6%
贵州	30.1%	30.3%	26.4%
云南	33.3%	32.7%	32.7%
西藏	31.1%	30.4%	34.0%
陕西	29.3%	28.7%	29.8%
甘肃	24.3%	28.4%	29.6%
青海	26.4%	28.5%	33.8%
宁夏	24.7%	27.7%	29.2%
新疆	32.4%	37.0%	34.2%

女性R&D人员所占比重

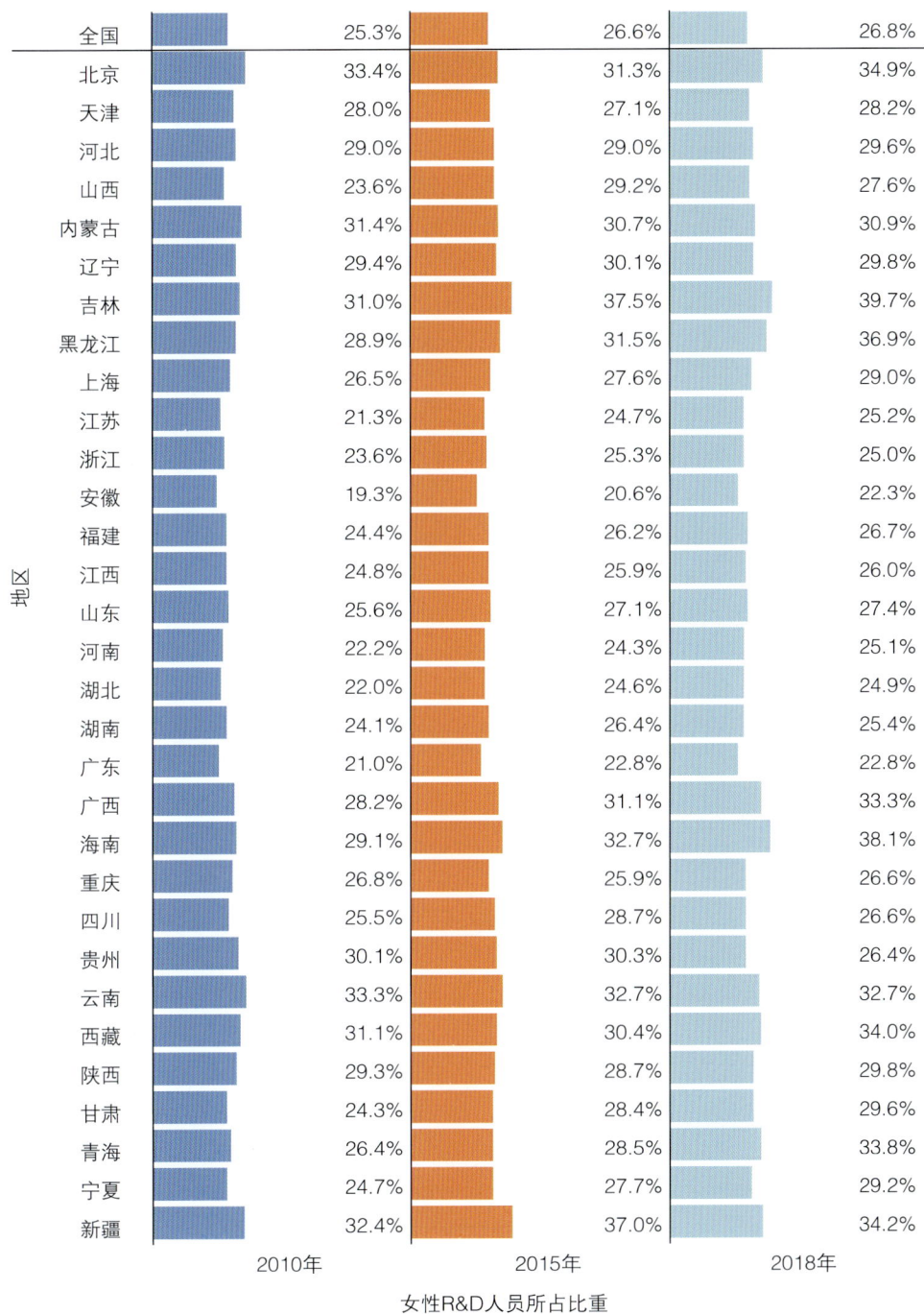

图10-27　各省（区、市）女性R&D人员在R&D人员总量中的占比情况

（数据来源：《中国科技统计年鉴》）

表10-12 各省（区、市）女性R&D人员增长情况

地区	"十二五"（2011—2015年）年均增速	"十三五"以来（2016—2018年）年均增速
全国	10.2%	6.5%
北京	4.0%	8.0%
天津	14.8%	-1.9%
河北	12.3%	1.7%
山西	4.0%	2.8%
内蒙古	8.5%	-6.5%
辽宁	2.4%	3.0%
吉林	8.4%	-5.7%
黑龙江	1.2%	-4.2%
上海	7.3%	5.5%
江苏	14.8%	5.0%
浙江	12.8%	8.2%
安徽	18.2%	7.0%
福建	14.1%	10.7%
江西	9.0%	16.0%
山东	11.4%	4.9%
河南	12.9%	3.1%
湖北	11.6%	5.7%
湖南	11.6%	9.1%
广东	10.6%	14.6%
广西	6.4%	7.3%
海南	15.1%	6.8%
重庆	9.9%	16.7%
四川	11.3%	5.9%
贵州	11.7%	11.1%
云南	11.9%	6.7%
西藏	5.0%	11.5%
陕西	5.6%	3.5%
甘肃	8.7%	-0.3%
青海	-1.2%	11.6%
宁夏	11.7%	9.1%
新疆	10.8%	-6.0%

数据来源：《中国科技统计年鉴》。

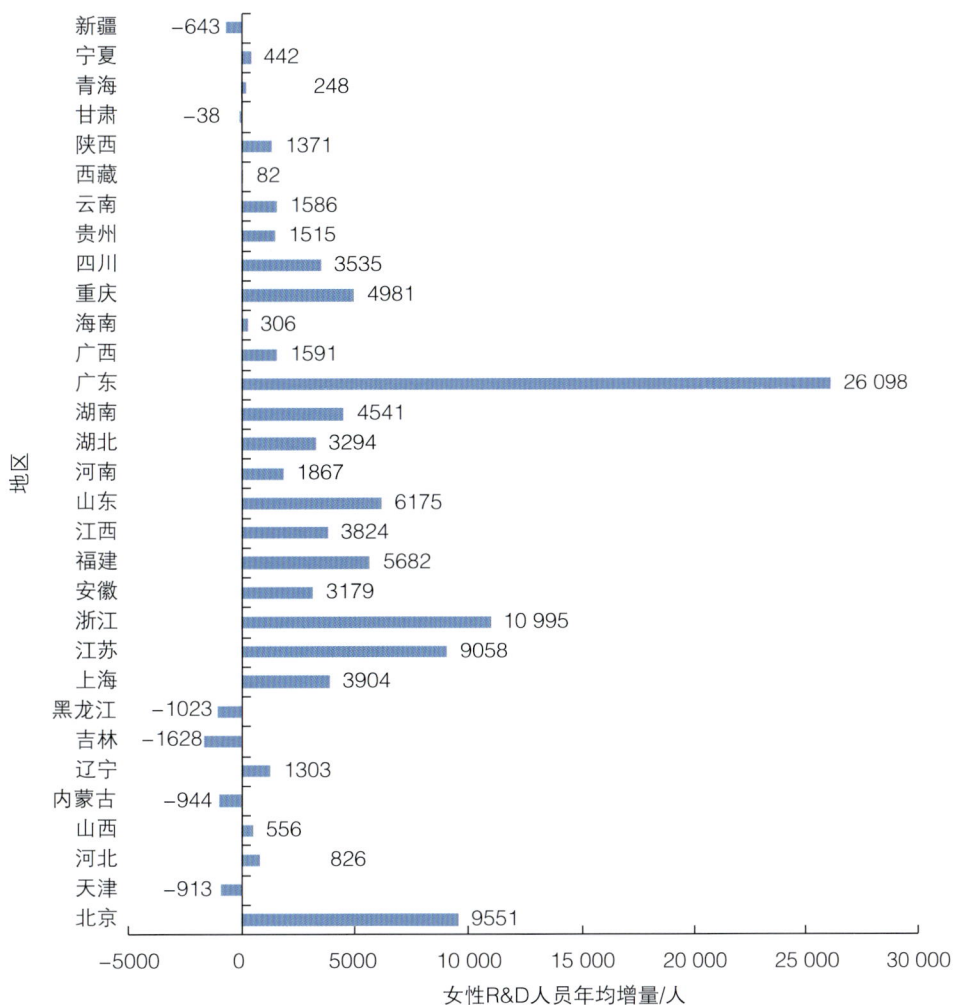

图10-28　"十三五"以来各省（区、市）女性R&D人员年均增量

（数据来源：《中国科技统计年鉴》）

第七节　各地区科技人才服务状况

一、六成技术合同从东部地区输出

从全国技术市场技术输出地区的合同数量与金额看，2018年，东部地区输出合

同数量为24.6万项，占全国技术市场合同总量的59.7%，输出合同金额为11 003.5亿元，占全国技术市场合同金额总量的62.2%。东北地区输出合同数量和金额均最少，分别占全国合同总量和合同金额总量的6.1%和5.6%（图10-29、图10-30）。

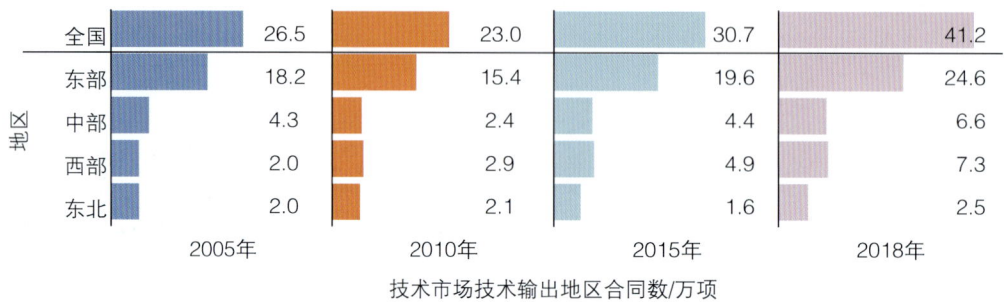

图10-29　技术市场技术输出地区合同数的区域分布情况

（数据来源：《中国科技统计年鉴》）

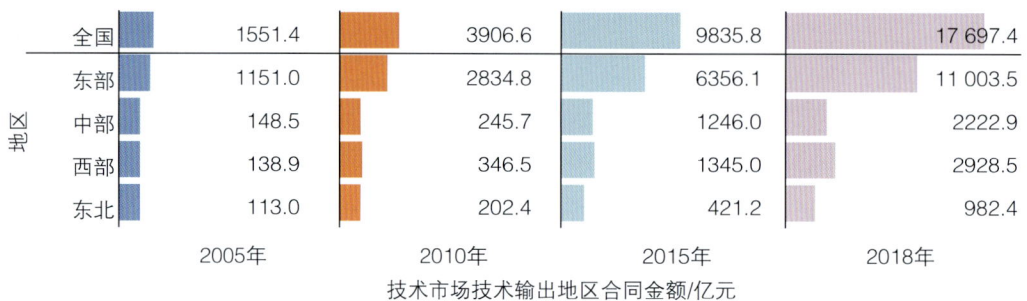

图10-30　技术市场技术输出地区合同金额的区域分布情况

（数据来源：《中国科技统计年鉴》）

从全国技术市场技术输出地区的合同数量与金额增长情况看，"十三五"以来，西部和东北地区技术市场输出合同数量均明显加快，年均增速分别为14.2%和15.7%，东部地区年均增速为7.8%；各区域合同金额数量均保持20.0%以上的高速增长，其中，东北地区年均增速达到了32.6%（表10-13）。

表10-13　各区域技术市场技术输出地区合同数与金额增长情况

地区	"十一五"（2006—2010年）	"十二五"（2011—2015年）	"十三五"以来（2016—2018年）
合同数年均增速			
全国	-2.8%	6.0%	10.3%
东部	-3.3%	4.9%	7.8%
中部	-10.9%	12.6%	14.5%
西部	8.2%	10.9%	14.2%
东北	1.2%	-5.1%	15.7%
合同金额年均增速			
全国	20.3%	20.3%	21.6%
东部	19.8%	17.5%	20.1%
中部	10.6%	38.4%	21.3%
西部	20.1%	31.2%	29.6%
东北	12.4%	15.8%	32.6%

数据来源：《中国科技统计年鉴》。

从各省（区、市）技术市场技术输出地的合同数量与金额看，2018年，北京市输出合同数量达8万项以上，远远高于全国其他地区；江苏省、山东省、陕西省等地区输出合同数量也较高，在3万项以上；内蒙古自治区、海南省、新疆维吾尔自治区等地区输出合同数量则很少，不到千项。北京市输出合同金额近5000亿元，遥遥领先于全国其他地区；广东省、上海市、陕西省等地区输出合同金额均在1000亿元以上；海南省、新疆维吾尔自治区、西藏自治区等地区输出合同金额则很少，不足10亿元（图10-31）。

地区	技术市场技术输出地区合同数/项	技术市场技术输出地区合同金额/亿元
北京	82 486	4957.8
天津	11 214	685.6
河北	6240	276.0
山西	1046	150.8
内蒙古	814	19.8
辽宁	17 362	474.5
吉林	4254	341.9
黑龙江	3399	165.9
上海	21 311	1225.2
江苏	42 227	991.4
浙江	16 142	590.7
安徽	20 347	321.3
福建	7638	84.5
江西	3025	115.8
山东	34 255	820.0
河南	7289	149.3
湖北	28 399	1204.1
湖南	6047	281.6
广东	23 700	1365.4
广西	2149	61.4
海南	373	6.9
重庆	2911	188.4
四川	15 156	996.7
贵州	2813	171.1
云南	3684	89.5
西藏	3	0.0
陕西	37 954	1125.3
甘肃	5072	180.9
青海	1071	79.4
宁夏	617	12.1
新疆	452	3.9

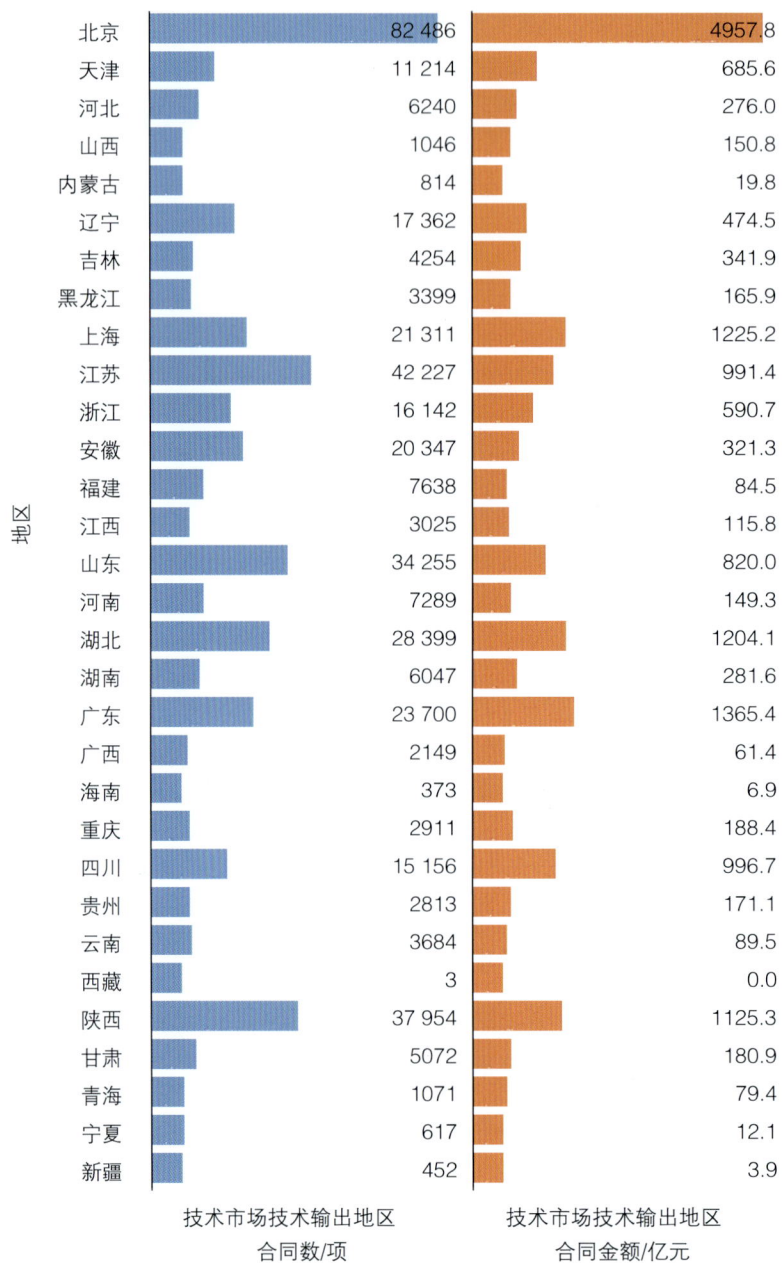

图10-31 各省（区、市）技术市场技术输出地区合同数与合同金额数（2018年）

（数据来源：《中国科技统计年鉴》）

二、流向西部和东北地区的技术合同加快增长

从全国技术市场技术流向地区的合同数量与金额看，2018年，有24.6万项技术合同流向东部地区，占全国技术市场合同总量的59.7%，合同金额为9242.9亿元，占全国技术市场合同金额总量的52.2%。流向东北地区的合同数量和金额均最少，分别占全国合同总量和合同金额总量的5.8%和4.9%（图10-32、图10-33）。

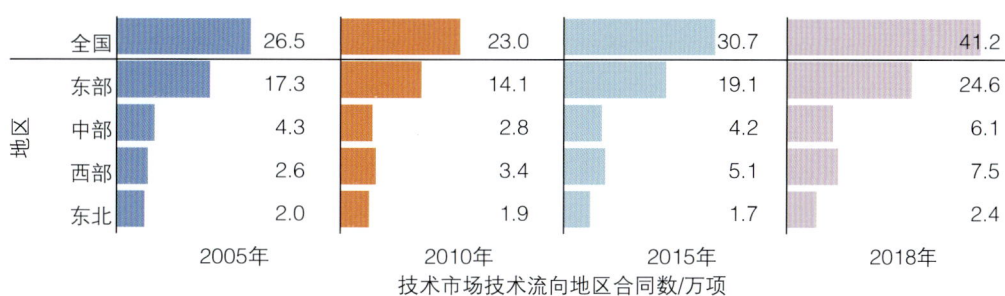

图10-32 技术市场技术流向地区合同数的区域分布情况

（数据来源：《中国科技统计年鉴》）

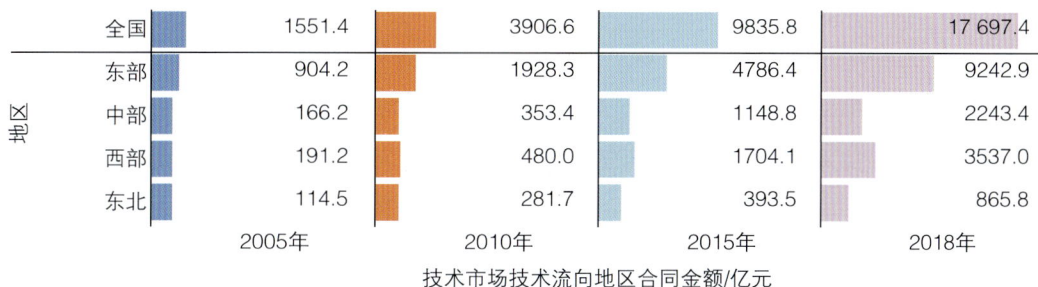

图10-33 技术市场技术流向地区合同金额的区域分布情况

（数据来源：《中国科技统计年鉴》）

从全国技术市场技术流向地合同数量与金额的增长情况看，"十三五"以来，流向中部、西部和东北地区的技术合同数量均明显加快，年均增速分别为13.3%、13.6%和11.7%，东部地区年均增速为8.8%；各区域合同金额均保持20.0%以上的高速增长，其中，东北地区年均增速达到了30.1%（表10-14）。

表10-14　各区域技术市场技术流向地区合同数与金额增长情况

地区	"十一五"（2006—2010年）	"十二五"（2011—2015年）	"十三五"以来（2016—2018年）
合同数年均增速			
全国	-2.8%	6.0%	10.3%
东部	-4.0%	6.2%	8.8%
中部	-8.2%	8.7%	13.3%
西部	5.4%	8.5%	13.6%
东北	-0.6%	-1.7%	11.7%
合同金额年均增速			
全国	20.3%	20.3%	21.6%
东部	16.4%	19.9%	24.5%
中部	16.3%	26.6%	25.0%
西部	20.2%	28.8%	27.6%
东北	19.7%	6.9%	30.1%

数据来源：《中国科技统计年鉴》。

从技术市场技术流向全国各省（区、市）的合同数量与金额来看，2018年，流向北京市的合同数量达到6万项以上，远远高于全国其他地区；流向江苏省、山东省、广东省等地区的合同数量也较高，在3万项以上；流向海南省、西藏自治区等地区的合同数量则很少，不到2000项。流向北京市的合同金额超过2000亿元，明显高于全国其他地区；流向广东省、江苏省等地区的合同金额均在1000亿元以上；流向海南省、青海省、西藏自治区等地区的合同金额则很少，不足100亿元（图10-34）。

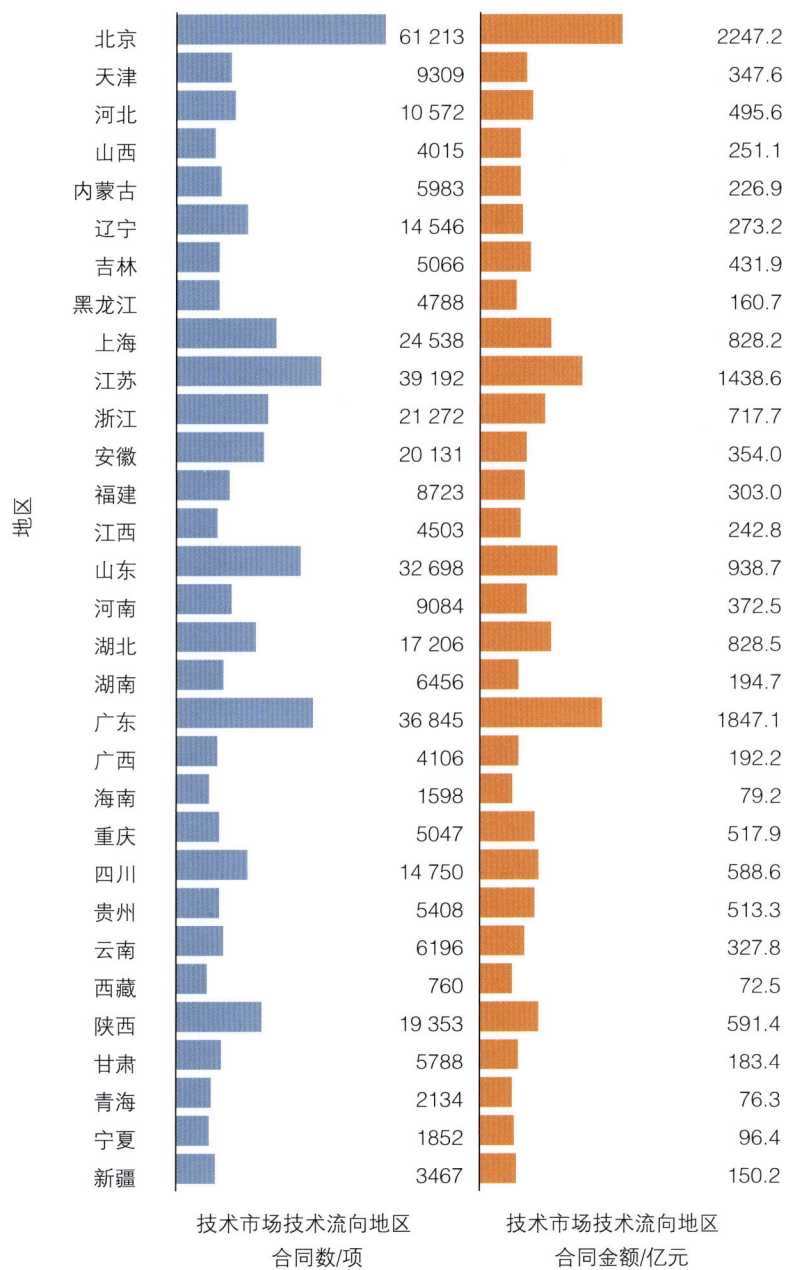

地区	技术市场技术流向地区 合同数/项	技术市场技术流向地区 合同金额/亿元
北京	61 213	2247.2
天津	9309	347.6
河北	10 572	495.6
山西	4015	251.1
内蒙古	5983	226.9
辽宁	14 546	273.2
吉林	5066	431.9
黑龙江	4788	160.7
上海	24 538	828.2
江苏	39 192	1438.6
浙江	21 272	717.7
安徽	20 131	354.0
福建	8723	303.0
江西	4503	242.8
山东	32 698	938.7
河南	9084	372.5
湖北	17 206	828.5
湖南	6456	194.7
广东	36 845	1847.1
广西	4106	192.2
海南	1598	79.2
重庆	5047	517.9
四川	14 750	588.6
贵州	5408	513.3
云南	6196	327.8
西藏	760	72.5
陕西	19 353	591.4
甘肃	5788	183.4
青海	2134	76.3
宁夏	1852	96.4
新疆	3467	150.2

图10-34　各省（区、市）技术市场技术流向地区合同数与合同金额数（2018年）

（数据来源：《中国科技统计年鉴》）

中国科技人才状况调查报告2019

附 录

附录A　科技人才状况指标

科技人才队伍全链条状况包括储备、使用和产出3个环节，通过8个一级指标和24个二级指标来反映（附表A-1）。

附表A-1　中国科技人才状况指标

一级指标	二级指标	三级指标
科技人才教育储备	1.理、工、农、医类毕业生数量	理、工、农、医类毕业人数总量/万人
		理、工、农、医类毕业生按学科培养分布/人
		理、工、农、医类毕业生按学历培养分布/人
	2.教育经费投入	普通高等学校生均一般公共预算教育事业费支出/（元/人）
研发人员总量与结构	3.研发（R&D）人员总量规模	全社会R&D人员全时当量/万人年
		研发（R&D）人员投入强度/（人年/万人）
		R&D研究人员全时当量/万人年
	4.研发（R&D）人员结构	研发（R&D）人员按执行部门分布
		研发（R&D）人员学历结构分布
		研发（R&D）人员性别结构分布
各类研发活动与产业研发人员	5.各类研发活动研发（R&D）人员投入分布	从事各类研发活动的R&D人员所占比重
		不同创新主体在各类研发活动的R&D人员投入比重
	6.工业企业R&D人员总量与分布	工业企业R&D人员全时当量/万人年
		工业企业R&D人员行业分布
	7.高技术产业R&D人员总量与分布	高技术产业R&D人员全时当量/万人年
		高技术产业R&D人员行业分布
高层次人才和团队	8.院士	中国科学院院士和中国工程院院士总人数/人
		各学部院士人数/人
	9.国家重点实验室人员	国家重点实验室固定人员数量/人
		国家重点实验室客座人员数量/人
	10.国家科技计划人才培养	自然科学基金人才培养数量/人
		国家重点研发计划参与人员数量/人
	11.具有博士学历的研发（R&D）人员	博士学历R&D人员数量/万人
		各类创新主体博士学历R&D人员占比
	12.博士后研究人员	博士后进站人数/人
		出站博士后人数/人

一级指标	二级指标	三级指标
科技人才国际合作交流	13.留学生人数	出国留学人员数量/万人
		学成回国人员数量/万人
	14.国际科技合作项目参加人数	出国参加国际科技合作人数/人次
		来华参加国际科技合作人数/人次
科技人才服务产业发展	15.技术成果交易	技术市场成交技术合同数量/万项
		技术市场成交技术合同金额/亿元
		主要技术领域技术市场成交合同数量/万项
		主要技术领域技术市场成交合同金额/亿元
	16.科技企业孵化器从业人员	全国在孵企业从业人员数量/万人
		累计孵化企业/家
	17.国家高新区科技人才	国家高新区从业人员数量/万人
		国家高新区从业人员结构
		国家高新区吸引国际人才数量/万人
科技人才发展环境	18.科研人员内生动力	问卷调查获取
	19.科研人员对政策重要性和落实效果的评价	
	20.科研人员对优化政府科技管理的诉求和建议	
	21.科研人员对完善单位科研组织的诉求和建议	
各地区研发人员	22.地区R&D人员总量规模	地区R&D人员全时当量/万人年
		地区R&D研究人员全时当量/万人年
	23.地区R&D人员结构	地区R&D人员在各类研发活动的投入分布
		地区R&D人员学历结构
		地区R&D人员产业分布
		地区R&D人员性别结构
	24.地区科技人才服务	技术市场技术输出地的合同数量/项
		技术市场技术输出地的合同金额/亿元
		技术市场技术流向地的合同数量/项
		技术市场技术流向地的合同金额/亿元

附录B　主要统计指标解释

1.国家财政性教育经费

主要包括一般公共预算安排的教育经费、政府性基金预算安排的教育经费、国有及国有控股企业办学中的企业拨款、校办产业和社会服务收入用于教育的经费等。

2. 研究与试验发展（R&D）

在科学技术领域，为增加知识总量，以及运用这些知识去创造新的应用进行的系统的创造性的活动，包括基础研究、应用研究、试验发展三类活动。国际上通常采用R&D活动的规模和强度指标反映一国的科技实力和核心竞争力。

3.R&D人员

参与研究与试验发展项目研究、管理和辅助工作的人员，包括项目（课题）组人员，企业科技行政管理人员和直接为项目（课题）活动提供服务的辅助人员。反映投入从事拥有自主知识产权的研究开发活动的人力规模。

4.R&D人员全时当量

指全时人员数加非全时人员按工作量折算为全时人员数的总和。例如，有2个全时人员和3个非全时人员（工作时间分别为20%、30%和70%），则全时当量为2.0+0.2+0.3+0.7=3.2人年。R&D人员全时当量为国际上比较科技人力投入而制定的可比指标。

5. 基础研究

为了获得关于现象和可观察事实的基本原理的新知识（揭示客观事物的本质、运动规律，获得新发现、新学说）而进行的实验性或理论性研究，它不以任何专门或特定的应用或使用为目的。其成果以科学论文和科学著作为主要形式，用来反映知识的原始创新能力。

6. 应用研究

为获得新知识而进行的创造性研究，主要针对某一特定的目的或目标。应用研究是为了确定基础研究成果可能的用途，或是为达到预定的目标探索应采取的新方法（原理性）或新途径。其成果形式以科学论文、专著、原理性模型或发明专利为主。用来反映对基础研究成果应用途径的探索。

7. 试验发展

利用从基础研究、应用研究和实际经验所获得的现有知识，为产生新的产品、材料和装置，建立新的工艺、系统和服务，以及对已产生和建立的上述各项作实质性的改进而进行的系统性工作。其成果形式主要是专利、专有技术、具有新产品基本特征的产品原型或具有新装置基本特征的原始样机等。主要反映将科研成果转化为技术和产品的能力，是科技推动经济社会发展的物化成果。

8. 规模以上工业企业

从2011年起，规模以上工业企业的统计范围从年主营业务收入为500万元及以上的法人工业企业调整为年主营业务收入为2000万元及以上的法人工业企业。

9. 国家级科技企业孵化器

符合《科技企业孵化器管理办法》规定的，以促进科技成果转化、培育科技企业和企业家精神为宗旨，提供物理空间、共享设施和专业化服务的科技创业服务机构，且经过科技部批准认定的科技企业孵化器。

10. R&D经费内部支出

调查单位用于内部开展R&D活动（基础研究、应用研究和试验发展）的实际支出。包括用于R&D项目（课题）活动的直接支出，以及间接用于R&D活动的管理费、服务费、与R&D有关的基本建设支出及外协加工费等。不包括生产性活动支出、归还贷款支出以及与外单位合作或委托外单位进行R&D活动而转拨给对方的经费支出。

11. R&D经费外部支出合计

指报告年度调查单位委托外单位或与外单位合作进行R&D活动而拨给对方的经费。

12. 我国四大地区划分

东部地区：包括北京、天津、河北、上海、江苏、浙江、福建、山东、广东和海南10个省（市）。

中部地区：包括山西、安徽、江西、河南、湖北和湖南6个省。

西部地区：包括内蒙古、广西、重庆、四川、贵州、云南、西藏、陕西、甘肃、青海、宁夏和新疆12个省（区、市）。

东北地区：包括辽宁、吉林和黑龙江3个省。

附录C 问卷调查基本情况

一、调查问卷设计

内生动力是作用于主体行为的一种动力，是主体内在认同的，相对于外部因素，内生动力对主体行为的驱动更具持久性。

科技人才内生动力体现在物质、精神和社会3个层面。其中，物质层面的动力主要是满足幸福生活保障需要；精神层面的动力主要是探索未知、个人成长、自我实现、为学科/领域发展或国家发展做出贡献等；社会层面的动力主要是归属感、认同感、荣誉感、责任感等。科技人才创新诉求是激发内生动力对外部环境的期盼和要求，包括政府管理、机构组织、社会创新文化和生态等3个方面。

在科技部战略规划司的安排下，科技部人才中心成立了研究组，深入北京、上海、深圳、苏州等地20余家科研单位开展实地调研，并组织有关单位召开专家座谈会。研究组不断聚焦和凝练关键问题，最终形成包含26项选择性问题和1项开放式问题的调查问卷（附图C-1）。

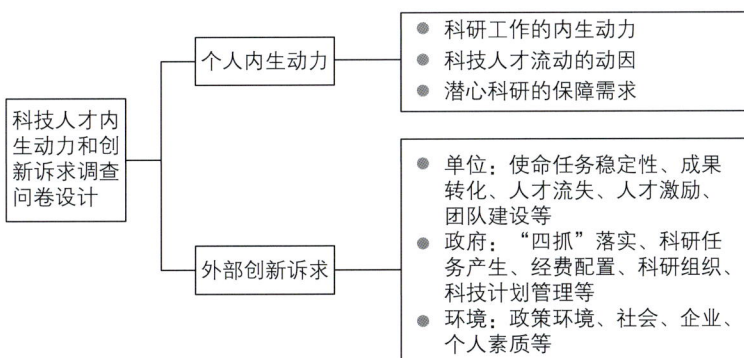

附图C-1 调查问卷设计框架

科研人才内生驱动力层面，主要调查个人从事科研活动的动力来源、选择职业流动的动因及潜心科研的环境与条件保障需求等。外部创新诉求包括政府、机构组织和社会3个层面：政府层面，主要调查改革发展与政策落实、科技管理"四抓"职能转变、国家科研任务形成机制和组织实施、科研经费配置、国家科技计划改革、创新生态建设等；机构组织层面，主要调查宗旨使命执行、经费与科研任务支持、科研团队建设、科技成果转化、引才留才举措等；社会层面，主要调查创新文化、科研诚信、舆论监督、社会投入等。

二、问卷调查组织实施

问卷调查采取抽样调查形式，问卷发放主要依托国家科技专家库，调查对象均来自各机构、各行业、各领域活跃在科研一线的高层次科技专家，专家意见和建议具备时效性、代表性。本次调查共发放问卷11 531份，抽样按照职称、年龄、机构和地区的优先次序分层进行。共抽取正高职称科研人员4519份；高校2400份、科研院所2200份，企业2000份；东部、西部、东北地区各1650份；同时也在各年龄段抽取调查样本。

三、调查问卷回收基本情况

问卷回收共1189份，其中有980位专家对优化创新生态、激发科研人员创新活力提出了意见和建议。

（一）参与调查人员所属单位性质分布

高校参与调查的科技人才数量最多，占比近半数；政府研究机构科技人员占比近三成；转制院所和其他企业科技人员占比分别为9.3%和9.8%（附表C-1）。

附表C-1　参与调查人员单位性质分布

单位性质	参与调查人员数量/人	占比
政府研究机构	348	29.3%
高校	586	49.3%

单位性质	参与调查人员数量/人	占比
转制院所	111	9.3%
其他企业	117	9.8%
其他	27	2.3%

（二）参与调查人员年龄分布

参与调查的科技人才主要集中在36～55周岁年龄段，占比近七成；35周岁及以下科技人员占比为7.0%；56～60周岁、61周岁及以上年龄段科技人员占比分别为13.8%和9.3%（附表C-2）。

附表C-2　参与调查人员年龄分布

年龄	参与调查人员数量/人	占比
35周岁及以下	83	7.0%
36～45周岁	428	36.0%
46～55周岁	403	33.9%
56～60周岁	164	13.8%
61周岁及以上	111	9.3%

（三）参与调查人员领域分布

应用基础研究人员参与调查的人数最多，占比为40.5%；其次是应用研究和技术开发人员，占比为31.7%；基础研究人员占比为19.3%；科研管理人员占比为5.4%；成果转化人员最少，占比为2.0%（附表C-3）。

附表C-3　参与调查人员工作领域分布

研究领域	参与调查人员数量/人	占比
基础研究	229	19.3%
应用基础研究	482	40.5%
应用研究和技术开发	377	31.7%

续表

研究领域	参与调查人员数量/人	占比
成果转化	24	2.0%
科研管理或人力资源管理	64	5.4%
其他	13	1.1%

（四）参与调查人员区域分布

东部参与调查的科技人才最多，占比近四成；其次是中部，占比近三成；西部和东北地区的科技人员占比分别为18.3%和12.8%（附表C−4）。

附表C−4　参与调查人员区域分布

地区	参与调查人员数量/人	占比
东部	464	39.0%
中部	356	29.9%
西部	217	18.3%
东北	152	12.8%